IUV-ICT
技术实训
教学系列
丛书

IUV-承载网通信技术

（特装版）

罗芳盛 林磊◎编著

人 民 邮 电 出 版 社
北 京

图书在版编目（C I P）数据

IUV-承载网通信技术 ：特装版 / 罗芳盛，林磊编著
. -- 北京 ：人民邮电出版社，2016.5
（IUV-ICT技术实训教学系列丛书）
ISBN 978-7-115-41160-0

Ⅰ. ①I… Ⅱ. ①罗… ②林… Ⅲ. ①无线电通信—移动通信—通信技术 Ⅳ. ①TN929.5

中国版本图书馆CIP数据核字(2016)第028465号

内容提要

本书将承载技术的理论基础与实践操作相结合，其中理论部分重点介绍了IP承载及光传输网络架构、实现原理、关键技术等，并结合现网应用对其中的重要概念和主要协议进行了详细阐释；同时，本书以《IUV-4G全网规划部署线上实训软件》为基础，结合理论基础以及国内运营商的实际建网情况，系统而全面地介绍了LTE的IP承载网和光传输网从网络规划、网络部署、开通调试到业务调试的全流程。建议读者将本书与《IUV-4G全网规划部署线上实训软件》配合使用，以便深入浅出地理解LTE承载网络建设的流程及方案，同时也能够掌握相关的运营维护技能。

本书可作为高等院校通信技术和管理等专业的教材或参考书，也适合从事LTE承载网络规划设计、系统运营、网络建设、调测维护等工程的技术人员和管理人员阅读。

◆ 编　　著　罗芳盛　林　磊
责任编辑　乔永真　李　静
责任印制　彭志环

◆ 人民邮电出版社出版发行　　北京市丰台区成寿寺路11号
邮编　100164　　电子邮件　315@ptpress.com.cn
网址　http://www.ptpress.com.cn

◆ 开本：787×1092　1/16
印张：10.5　　2016年5月第1版
字数：243千字　　2016年5月北京第1次印刷

定价：158.00元

读者服务热线：(010)81055488　印装质量热线：(010)81055316
反盗版热线：(010)81055315

前　言

随着移动宽带技术的大力发展，截至 2015 年 10 月，我国 4G 用户数已经突破 3 亿人，年均环比增长 8%以上。同时，伴随着国家大力推进移动互联网，移动宽带技术“提速降费”措施的落实，传统行业不断向“互联网+”进行转型升级，4G 用户数在未来的 2 年将会保持较高的增长态势，4G 网络建设的大潮将会进一步发酵。

据不完全数据统计，全国 4G 移动基站数目在 2015 年年底有望突破 200 万个。三大运营商在未来的 5 年将继续加大基站建设投入，以保证 4G 业务纵深覆盖，覆盖率在未来 2 年将达到 80%以上。移动基站建设大潮带来的直接就业岗位达 50 万个以上，间接就业岗位更达 70 万个以上。

为了满足市场的需要，IUV-ICT 教学研究所针对 4G-LTE 的初学和入门者，结合《IUV-4G 全网规划部署线上实训软件》编写了这套交互式通用虚拟仿真（Interactive Universal Virtual，IUV）教材，旨在通过虚拟仿真技术和互联网技术提供专注于实训的综合教学解决方案。

“4G 移动通信技术”方向和“承载网通信技术”方向采用 2+2+1 的结构编写：2 个核心技术方向和 1 个综合实训课程。

“4G 移动通信技术”方向的教材有《IUV-4G 移动通信技术》《IUV-4G 移动通信技术实战指导》；“承载网通信技术”方向的教材有《IUV-承载网通信技术》《IUV-承载网通信技术实战指导》；综合 4G 全网通信技术实训教材《IUV-4G 全网规划部署进阶实战》。

2 个核心技术方向均采用理论和实训相结合的方式编写，一本是技术教材，注重理论和基础学习，配合随堂练习完成基础理论学习和实践；另一本实战指导是结合《IUV-4G 全网规划部署线上实训软件》所设计的相关实训案例。

综合实训课程则将 4G 全网的综合网络架构呈现在读者面前，并结合实训案例、全网联调及故障处理，使读者能掌握到 4G 全网知识和常用技能。

本套教材理论结合实践，配合线上对应的学习工具，全面学习和了解 4G-LTE 通用网络技术，涵盖 4G 全网的通信原理、网络拓扑、网络规划、工程部署、数据配置、业务调试等移动通信及承载通信技术，对高校师生、设计人员、工程及维护人员都有很好的参考和实际意义。

从内容上看，本书分为两部分。第一部分为原理篇，包含第 1～3 章，系统介绍 IP 承载、PTN、OTN 的基本原理，为读者深入了解 4G 承载网络打下基础。第二部分为实践篇，包含第 4 章和第 5 章，重点介绍 IP 承载网和 OTN 的网络规划、网络部署以及开通调试过程，并通过相关案例介绍整个 LTE 承载网调试的基本过程和方法。

主要内容说明如下。

第 1 章主要介绍 IP 承载原理，包括网络架构、协议栈、交换原理、路由原理等，重点介绍了 LTE 承载网中的设备工作原理、IP 通信流程。

第 2 章主要介绍 PTN 原理，包括基本概念、组网应用、技术演进，重点介绍了关键技术的原理和实现过程。

第 3 章主要介绍 OTN 原理，包含技术特点、技术对比、网络结构等内容，重点介绍了 OTN 光通信的原理和信号流程。

第 4 章基于“4G 全网规划部署”在线学习平台，首先介绍了 IP 承载和光传输网的规划及部署全过程，包括：拓扑规划、容量规划、设备配置规划、连线规划、数据配置规划等，使读者了解网络规划的基本原则和方法，加深对承载网全网部署的理解；接着介绍了设备部署和连线，各网元数据配置和参数含义，使读者能结合实际去理解理论知识，增强实践能力。

第 5 章结合前面的内容，介绍了整个承载网常见维护工具的使用和故障排查思路方法，并对常见的故障原因进行了分析。除此以外，该章还通过一些典型的故障案例来帮助读者深入了解实际网络的维护工作，增强实战经验。

书中附带 I 学卡，学员使用 I 学卡账号在网站注册后，可以获得 IUV 仿真软件授权。让我们加入 IUV 学习社区，一起学习，共同提高！

目　录

第一部分　原理篇

第二部分 实践篇

第一部分　原理篇

第 1 章

IP 承载网的原理

📖 **知识点**

本章介绍了 IP 承载网的基础，这是学习数据通信（简称数通）和 PTN 网络需要了解的最基本的理论知识。IP 承载网的基础包括协议栈、设备硬件、二层网络原理、三层网络原理等。学习完之后您将对 IP 网络的实现有一个完整的认识。

- 网络概述
- TCP/IP 协议栈
- 二层交换原理
- 常见网络设备及线缆
- 路由基础
- OSPF 基本原理

1.1 网络概述

1.1.1 什么是承载网

承载网，是在运营商网络中用于传送语音和数据业务的网络，可以理解为是传送上层业务的通道。打个比方，在 4G-LTE 网络中，用户的上网数据通过基站接入后，需要传送到 LTE 核心网进行处理，这些上网数据被称之为上层业务。在基站和核心网设备之间负责传送的所有设备、线缆的集合，称为承载网。承载网的应用非常广泛，根据传送业务的类型不同，一个运营商可能同时存在多个承载网，比如 4G 承载网、3G 承载网、IPTV 承载网等。承载网的拓扑如图 1-1 所示。

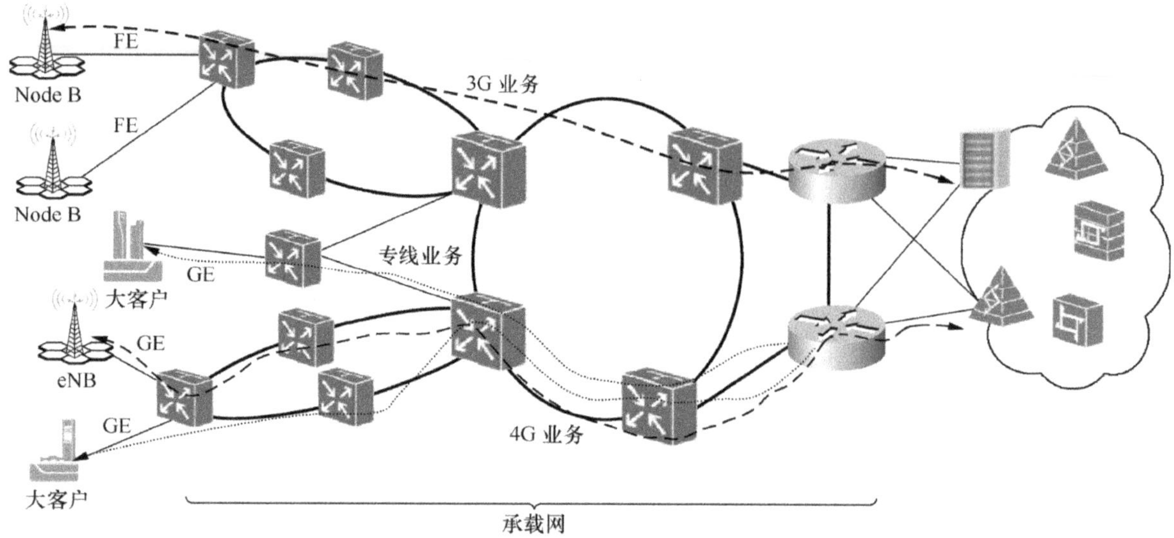

图 1-1　承载网的拓扑结构

承载网的设备分类如下。

1. 数通设备

数通设备基于 IP 及相关技术设计，负责建立业务传送路径并保障传送可靠性，典型的设备有路由器、交换机。

2. 传输设备

（1）在物理层面上负责设备之间远距离、大容量的光传输，典型设备是 OTN；
（2）结合了数通设备和传统传输设备的特点，可透明传送 IP、TDM 等业务的 PTN 设备。

本书中，将路由器、PTN、交换机归为 IP 承载网络，OTN 归为光传输网络。IP 承载网与光传输网的关系如图 1-2 所示。

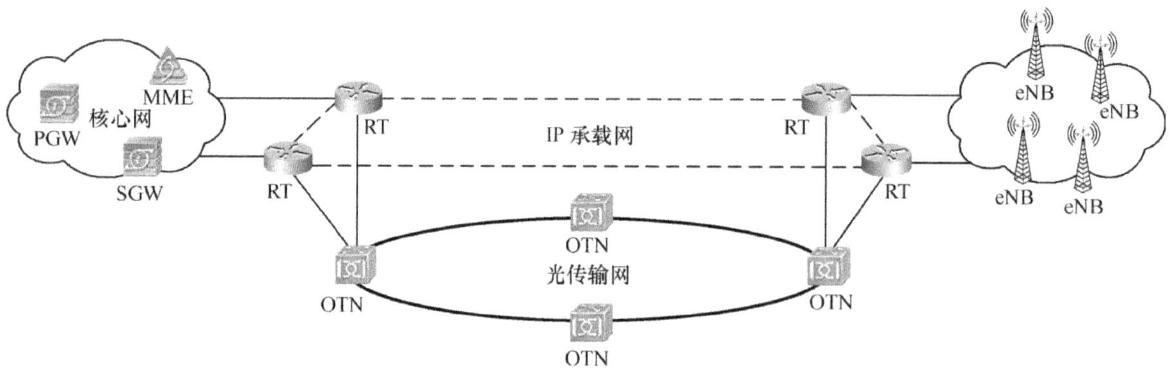

图 1-2　IP 承载网与光传输网的关系

1.1.2　网络拓扑

一个大城市的道路规划，如果只有一辆车在行驶，不管道路如何分布，交通信号如何布局，信号间如何同步协调，都没有什么大的问题，但如果是在交通高峰期，不好的道路规划将会导致严重阻塞。

承载网络也是同样的道理，采用适当的网络连接设计，保证多用户间的数据传输没有延迟或是延迟很小，是非常重要的。

将各种网络连接策略称为网络拓扑结构（Network Topology）。在做网络设计时，拓扑设计是一个非常重要的环节。拓扑结构的水平高低取决于设备的类型和用户的需求。在某种环境中表现很好的一种拓扑结构照搬到另一环境中，也许会导致效率降低。

1.1.2.1　星状拓扑

星状拓扑结构是一种以中央节点为中心，把若干外围节点连接起来的辐射式互连结构。外围节点彼此之间无连接，相互通信需要经过中心节点的转发，中心节点执行集中的通信控制策略。星状拓扑在企业网、运营商网中被广泛采用，如图 1-3 所示。

优势：

（1）安装容易，结构简单，费用低。

（2）控制简单。任何一个站点只和中央节点相连接，因而介质访问控制简单，易于网络监控和管理。

（3）故障诊断和隔离容易。中央节点对连接线路可以逐一隔离，进行故障检查和定位，单个连接点的故障只影响一个设备，不会影响全网。

缺点：

中央节点负担重，成为瓶颈，一旦发生故障，全网皆受影响。

为了解决这一问题，有的网络会采用双星状拓扑，如图 1-3（b）拓扑图所示，网络中设置两个中心节点。

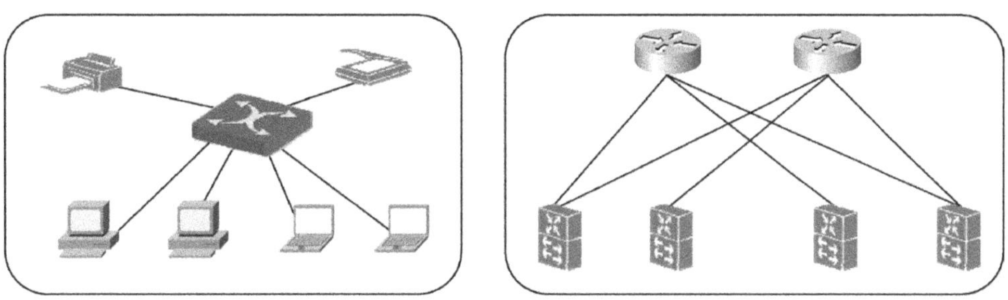

（a）　　（b）

图 1-3　星状拓扑

1.1.2.2　环状拓扑

环状拓扑结构是将网络节点连接成闭合结构，信号顺着一个方向从一台设备传到另一台设备，信息在每台设备上的延时时间是固定的。当环中某个设备或链路出现故障时，信号可以顺着另一个方向传送。为了提高通信效率和可靠性，常采用双环结构，如图 1-4 所示，即在原有的单环上再加一个环，一个作为数据传输通道，另一个作为保护通道，互为备份。

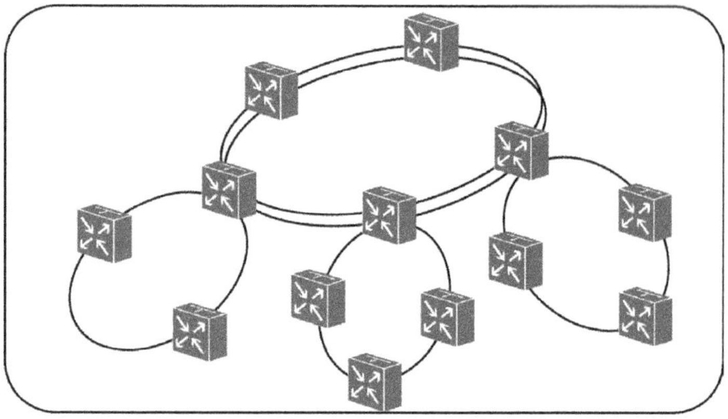

图 1-4　环状拓扑

优势：

（1）信号沿环单向传输，时延固定，适用于实时性要求高的业务。

（2）所需光缆较少，适于长距离传输。

（3）可靠性高，当采用双环结构时能有效保障业务不间断传输。

缺点：

在环上增加节点会给运行的业务带来延时或中断，因而灵活性不够高。

1.1.2.3　网状拓扑

网状网络通常利用冗余的设备和线路来提高网络的可靠性，因此，节点设备可以根据当前的网络信息流量有选择地将数据发往不同的线路。

网状拓扑结构的极端是全网状结构，即任何两个节点间都有直接的连接，这种结构以冗余的链路能确保网络安全，如图 1-5 所示。但这种结构的成本非常高，因此常用的网状结构是非全网状的。

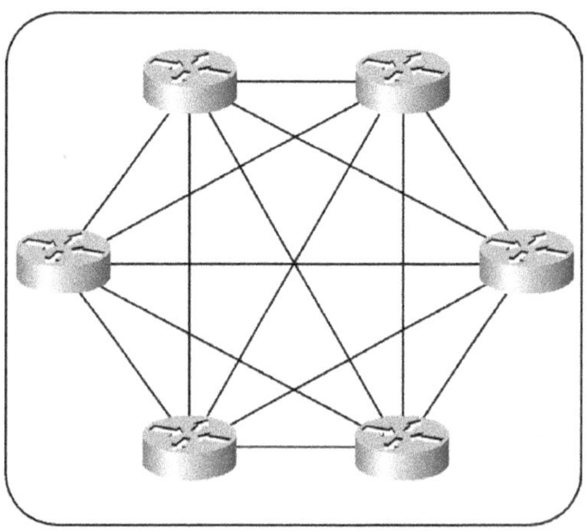

图 1-5　网状拓扑

由于网络结构复杂，必须采用适当的寻路算法和流量控制方法来管理数据包的走向。

网状结构主要应用于大型网络的核心骨干连接。

优势：

可靠性非常高。

缺点：

（1）大量的冗余链路和设备造成网络建设成本很高。

（2）网络复杂度很高，维护难度较大。

1.1.3　网络分层

除了选择合适的拓扑结构外，在网络设计中层次的划分也很重要，它能使网络中设备选择和流量规划更加合理，从而节省网络建设和维护成本。一般网络包括接入层、汇聚层、核心层三部分，各如图 1-6 所示。网络层次功能如表 1-1 所示。

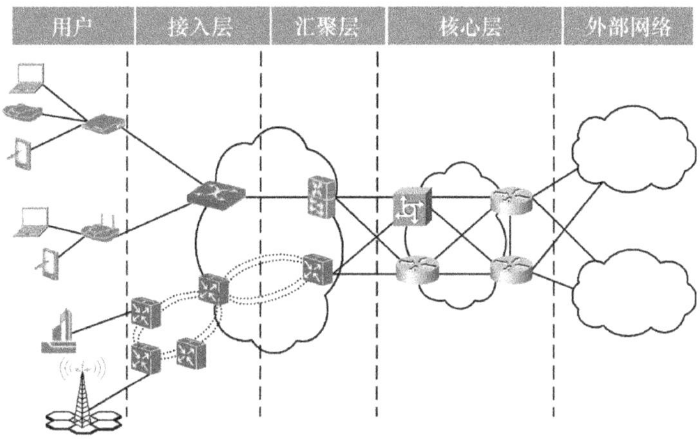

图 1-6　网络的层次

表 1-1　网络层次功能

网络层次	说　　明
核心层	核心层是整网流量最终汇集的区域，由它来实现全网的互通，并承担连接外部网络的重任。核心层的设计要求充分考虑冗余，保障可靠传输
汇聚层	汇聚层是接入设备的汇聚点，为接入层提供数据的汇聚、传输、管理和分发处理。汇聚层设备在性能上的要求高于接入层，能控制和限制接入层流量访问核心层，以保障核心层的安全
接入层	接入层通常指网络中直接面向用户连接或访问的部分。接入层的作用是允许终端用户连接到网络

1.1.4　典型组网

如图 1-7 所示，LTE 承载网一般分为三个层次：核心层、汇聚层、接入层。接入层直接连接 LTE 无线侧设备，一般为环状组网。汇聚层也为环状结构，每个汇聚设备连接一个或多个接入环。采用环状拓扑的好处是能够节省光纤资源，同时也可以形成比较好的链路保护。核心层一般采用口字状组网，有的可能简化为星状组网，与汇聚设备相连接。

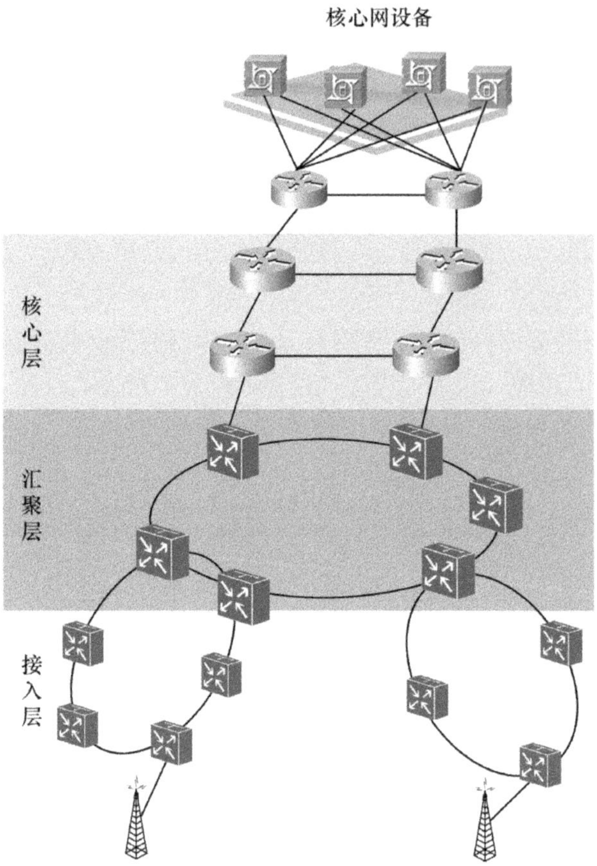

图 1-7　LTE 承载网典型组网示意

1.2　TCP/IP

1.2.1　OSI 概述

1.2.1.1　为什么需要网络标准

您也许认为，在计算机之间建立通信，就是确保数据由一台计算机流向另一台计算机的问题。其实不然，由于各种计算机都不尽相同，所以它们之间的数据传输要比想象中的复杂得多。

计算机公司设计制造各种型号的计算机，以适应不同的需求，总体上都遵循一般的原理，但实现细节上必然受到人们主观思想和观念的影响。不同的计算机有各自不同的体系结构，使用不同的语言，采用不同的数据存储格式，以不同的速率进行通信。彼此间如果不兼容，通信也就非常困难。那么计算机是怎样实现通信的呢？

先来看看不同国家的商业代表是如何沟通的。他们每个人都讲不同的语言，所以需要翻译。此外，他们必须共同遵守一个协议，这个协议规定了他们以怎样的方式、规则进行讨论。否则，讨论将是毫无秩序的。只有每个成员都遵守这一协议，才能保证讨论有条不紊地进行。

同样，计算机间互相通信也需要协议以决定按哪种方式来“说话”。问题随之而来：协议多种多样，如果各大厂商遵循不同的协议，那也就无协议可言了。如果大家能够认同一个公共协议的话，那么这个协议就成为所有人都必须遵循的标准协议。

然而，这就像让所有人都认同一种计算机体系结构一样，是不切实际的。不同的设计者的理念、思维方式、目标都不一样，因此，出现了许多不同的标准。有幸的是，一些机构致力于在飞速发展的通信领域中确立行业规范，并已经取得了巨大的成就。

1.2.1.2　常见的标准化组织

（1）国际标准化组织（ISO）。ISO 是一个世界性组织，包括许多国家的标准团体。它最有意义的工作在于它对开发系统的研究，定义了众所周知的 OSI（Open System Interconnect，开放系统互连参考）七层模型。

（2）电气和电子工程师协会（IEEE）。IEEE 是世界上最大的专业技术团体，主要开发数据通信标准。它在通信领域最著名的研究成果要数 IEEE 802 局域网系列标准。

（3）互联网工程任务组（IETF）。IETF 是全球互联网最具权威的技术标准化组织，分为许多工作组。IETF 的主要任务是负责互联网相关技术规范的研发和制定，如路由协议、AAA、TCP/IP 和 IPv6 核心协议、网络安全等。

（4）国际电信联盟（ITU）。ITU 是联合国的一个专门机构，主管信息通信技术事务。下辖的 ITU-T 负责制定远程通信的相关标准，广为使用的 G 系列、H 系列、V 系列标准都出自 ITU-T。

（5）美国国家标准学会（ANSI）。ANSI 是一个非营利性质的民间标准化团队，同时也是 ISO 的一个成员。它所涉及的标准化领域非常广泛，也包括通信领域。大家熟悉的 ASCII 码就是由 ANSI 制定的。

（6）电子工业协会（EIA）。美国电子行业标准制定者之一，同时也是 ANSI 的成员。首要课题是设备间的电气连接和数据的物理传输。最广为人知的 EIA 标准是 RS232。

1.2.1.3　OSI 模型

OSI 模型由国际标准化组织 ISO 制定，目的是实现各种网络协议的国际标准化，以解决各种体系结构的网络互联问题，如图 1-8 所示。

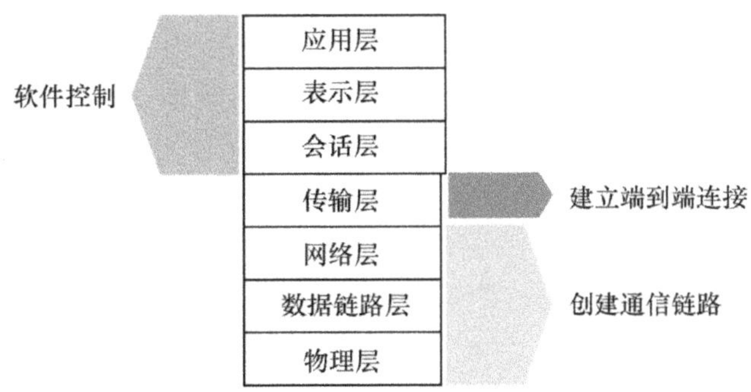

图 1-8　OSI 模型

OSI 模型将网络的工作分为 7 个层次，每层完成一定的网络功能，这些功能由网络设备和协议来实现，7 个层次协同完成网络通信。在一个网络中，由于分工不同，各种网络设备所对应的网络层次也是不同的。OSI 各层功能见表 1-2。

表 1-2　OSI 各层功能

网络层次	功能	典型设备	相关协议
应用层	网络服务与使用者应用程序的接口		FTP、Telnet、SMTP 等
表示层	定义数据格式，数据安全，压缩方式		JPEG、ASCII、HTML 等
会话层	建立、管理和终止会话		SQL、RPC、NFS 等
传输层	建立端到端连接，标识应用程序		TCP、UDP、SPX
网络层	网络编址，并基于此地址进行网络系统间的路径选择	路由器	IP、IPX
数据链路层	实现在物理链路上建立、撤销、标识逻辑链路，链路复用和差错校验等功能。同时通过物理地址完成寻址	以太网交换机 网桥 网卡	帧中继、PPP、ATM 等
物理层	物理介质的物理特性	HUB、光纤、双绞线等	RS232、V.35 等

1.2.1.4　OSI 层次关系

OSI 定义了开放系统的层次结构、层次之间的相互关系以及各层的功能，它作为一个框架来协调和组织各层所提供的服务。网络分层将网络设备的数据转发、打包或拆包、控制信息的加载或拆出等工作，分别由不同的软硬件模块来完成，这样可以将往来通信和网络互连这一复杂的问题变得较为简单。

分层有以下优点：

（1）降低复杂度，使程序容易修改，加快了产品开发速度；

（2）层与层之间可以使用标准接口，方便工程模块化；

（3）每层使用直接下层的服务，便于记住每层功能；

（4）使网络互联变得更加灵活，创建了一个良好的互联环境。

每个层次都利用下一层提供的服务与对等层进行通信。在通信的时候，数据的发送端自上而下通过七层完成数据发送，而接收端自下而上完成数据接收，就像图 1-9 展示的那样。但是，并不是通信的全过程都需要经过 OSI 的全部 7 个层次，有的只需要用到下三层。比如，终端 PC 间 QQ 聊天，两端 PC 发送和接收数据必须使用到全部 7 个层次，而中间的路由器只关心数据如何传送，不关心数据格式等内容，故只需要用到下三层。总之，双方的通信是在对等层次上进行的，不能在不对称层次上进行通信。

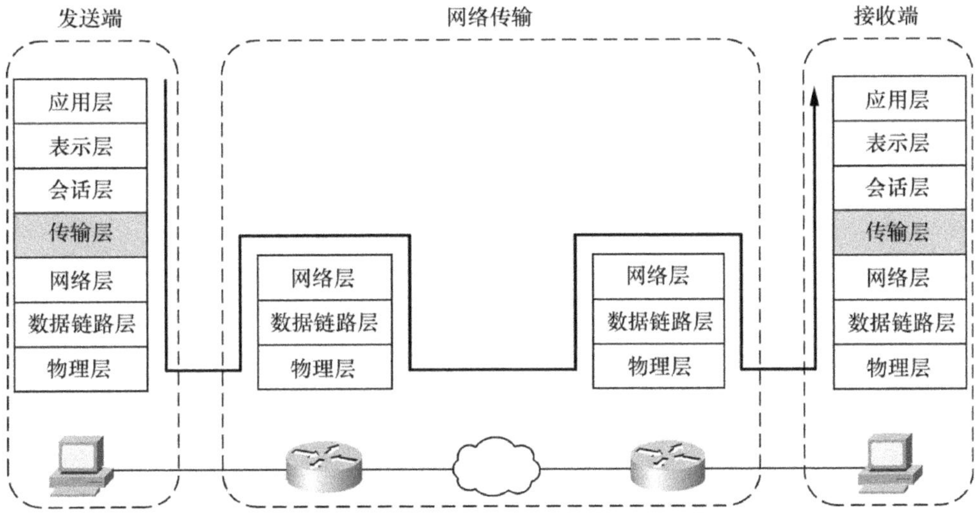

图 1-9　OSI 模型的通信流程

1.2.2　TCP/IP 概述

1.2.2.1　TCP/IP 概念

TCP/IP（Transmission Control Protocol/Internet Protocol，传输控制协议/网际协议）实际上是一组协议的集合，因此称之为协议栈，其核心协议是 TCP 和 IP。TCP/IP 定义了电子设备如何连入互联网，以及数据如何在它们之间传输的标准。

TCP/IP 最初为 ARPAnet 设计，经过十几年的研究，它被不断完善和推广，被全球各大企业和高校所接受。自 1983 年开始，TCP/IP 逐渐成为互联网所有主机间的共同协议，作为一种必须遵循的规则被肯定和应用至今。

1.2.2.2　TCP/IP 分层

TCP/IP 为四层结构，上层通过使用下层提供的服务来完成自己的功能，如图 1-10 所示。TCP/IP 关注的是网络互联，所以它所设计的协议重点在传输层与网络层，向上支持各类应用程序，向下可对接各种数据链路层协议，这种设计思路极大地提高了 TCP/IP 与其他协议的兼容性，使它成了实际上的互联网互联标准。

举个例子，一个 FTP 的客户端，它本身归属应用层，它在与 FTP 服务器端通信时，需要用到 TCP 来建立端到端的连接，通过 IP 地址来定位对方，通过以太网卡和网线来进行信号传输。

1.2.2.3　TCP/IP 与 OSI 的对比

既然 OSI 不是现实中的互联网互连标准，为什么我们还要去了解它呢？

因为了解 OSI 的分层体系以及详细的层次功能，有助于我们了解通信的基本流程，让我们知道在收发数据的过程中主机和网络设备都完成了哪些工作。后续我们要学习的各种协议，包括 TCP/IP 中的协议，都可以在 OSI 模型中找到它的定位。TCP/IP 与 OSI 对比见表 1-3。

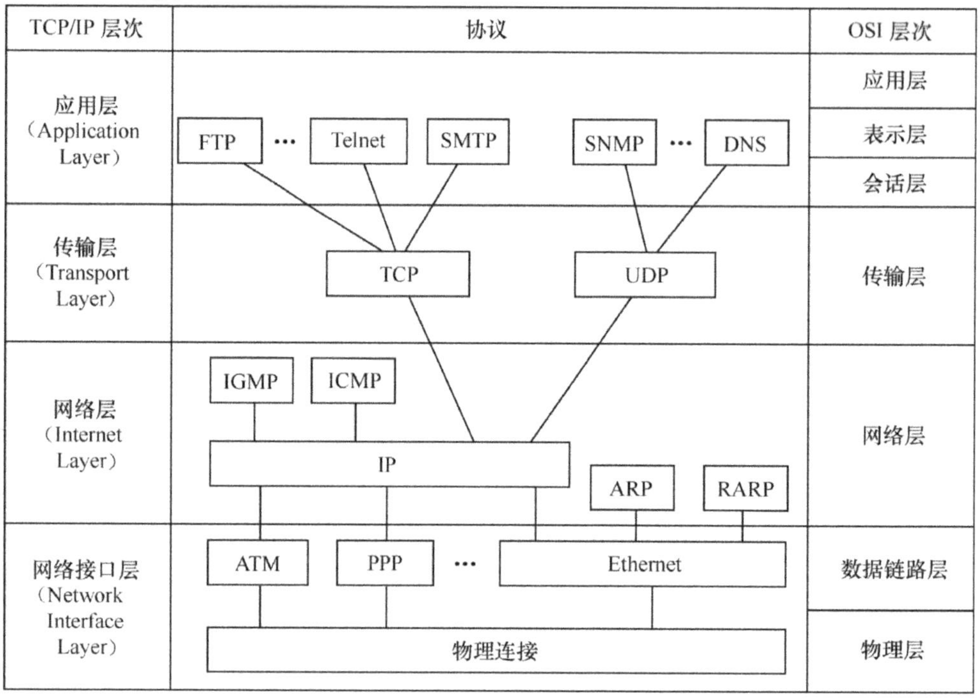

图 1-10　TCP/IP

表 1-3　TCP/IP 与 OSI 对比

相同点	TCP/IP	OSI
分层	TCP/IP 与 OSI 都采用了层次结构	
服务机制	二者都可以提供面向连接和无连接两种服务机制(这两种机制将在传输层一节中说明)	
不同点	TCP/IP	OSI
公层	四层 层次对应关系如图 1-10，各层功能与 OSI 对应层次相似	七层 通常所说的二层、三层协议，二层、三层设备，指的是 OSI 的层
框架/协议	• TCP/IP 应互联网的需求产生，先研发协议，在发展之前并没有定义严谨的框架 •目前已有大量成熟的协议和应用	• OSI 先定义功能完整的架构，再根据架构发展相应的协议 • 可以说 OSI 只是理论模型，本身不是标准，它没有成熟的产品，是制定标准时所使用的概念性框架
通用性	不适用于非 TCP/IP 网络	通用性高
市场应用	技术成熟，市场应用广泛，是实际的国际互联标准	少有实际应用的系统

1.2.3　封装与解封装

在发送端，数据由应用产生，它被封装在传输层的段中，该段再封装到网络层报文包中，网络层报文包再封装到数据链路帧，以便在所选的介质上传送。当接收端接收到数据时，是解封装过程。当数据沿着协议栈向上传递时，首先检查帧的格式，决定网络类型；然后去掉帧的格式，检查内含的报文包，决定传输协议，将数据送至某个传输层处理；最后将数据递交给正确的应用程序。封装与解封装流程如图 1-11 所示。

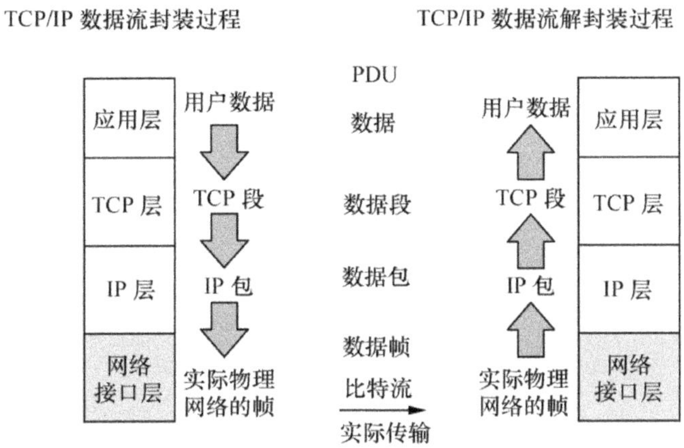

图 1-11　封装与解封装流程

1.2.4　TCP/IP 层次和协议

1.2.4.1　应用层

应用层对应于 OSI 模型的上三层，主要是为用户提供所需的服务。这些服务是与终端用户相关的数据处理、认证、压缩等，此外应用层还负责告诉传输层哪个数据流由哪个应用程序发出。

应用层包含一些常见的协议（FTP、TFTP、SMTP、SNMP、Telnet、DNS、HTTP 等），还包含大量基于 TCP/IP 开发的商业应用。

1.2.4.2　传输层

传输层包含两个协议 TCP 和 UDP，其主要功能如下。

（1）分割（发送时）与重组（接收时）上层应用程序产生的数据。分割后的数据附加上传输层的控制信息，这些附加的控制信息由于是加在应用层数据的前面，因此叫作头部信息。

（2）为通信双方建立端到端的连接。为了知道自己在为哪个上层的应用程序服务，以将数据准确地送达目标程序，有必要对应用程序进行标识，这个标识就是端口号。

1. 端口号

没有端口号，TCP/IP 就分不清数据应该送给哪一个上层应用进行处理。如果把应用层程序比喻成一个百货商场中的各个店铺，那么端口号就是这些店铺的门牌。我们要看电影，就去 4F-01 的影城；要喝果汁，就去 3F-13 的冷饮店；要买护肤品，就去 1F-10 化妆品柜台等。

端口号包含在传输层协议段头部当中，长度是 16bit，转化为十进制后的范围是 1～65 535。这些端口号由 IANA（Internet Assigned Numbers Authority，Internet 号码分配机构）分配管理。其中，低于 255 的端口号保留，用于公共应用；255～1023 的端口号分配给各个公司，用于特殊应用；对于高于 1023 的端口号，称为临时端口号，IANA 未做规定。

常见的 TCP 端口号有 HTTP 80、FTP20/21、Telnet 23、SMTP 25 等；常见的保留 UDP 端口号有 DNS 53、BootP 67（Server）/68（Client）、TFTP 69、SNMP 161 等，如图 1-12 所示。

端口分为源端口和目的端口。当源主机向目的主机发送数据时，目的端口表示要去找目的主机上的哪个程序，源端口代表来自于源主机的哪个进程。当目的主机回应源主机时，会把之前的源端口设为目的端口进行发送。

图 1-13 是主机利用端口号进行通信的过程。

对于主机 A，源端口号没有特别的要求，只需保证该端口号在本机上是唯一的就可以了。一般从 1023 以上找出空闲的临时端口号进行分配。

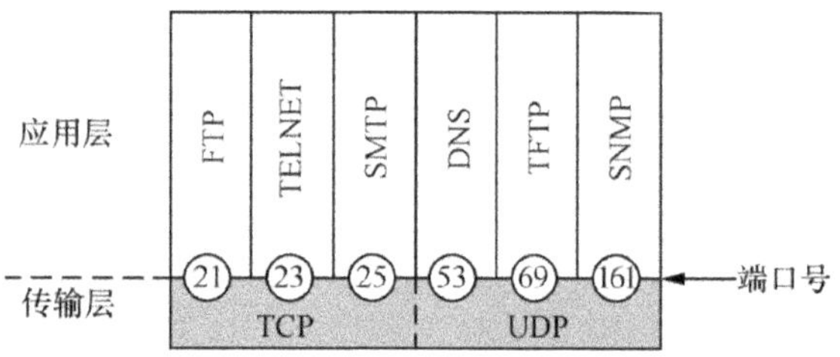

图 1-12　端口号

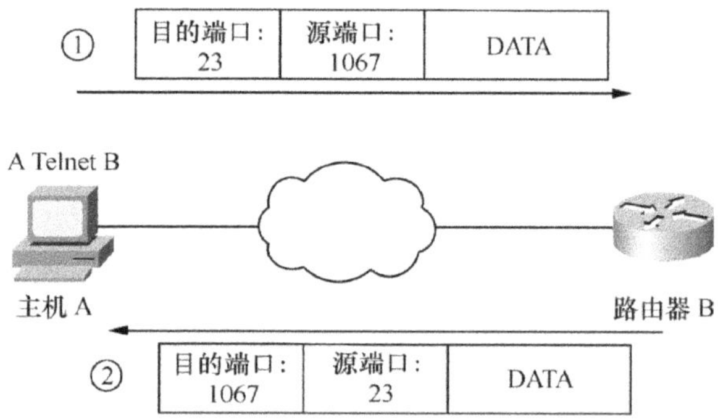

图 1-13　源和目的端口号 1

如图 1-14 所示，有时候会出现同一个源主机向目的主机某一应用发起多次连接，注意目的端口号始终对应目的应用程序，源端口号在同一源主机上必须不同。请思考一下，如果是不同源主机来 Telnet 路由器 B，这些源主机的源端口号可以相同吗？为什么？

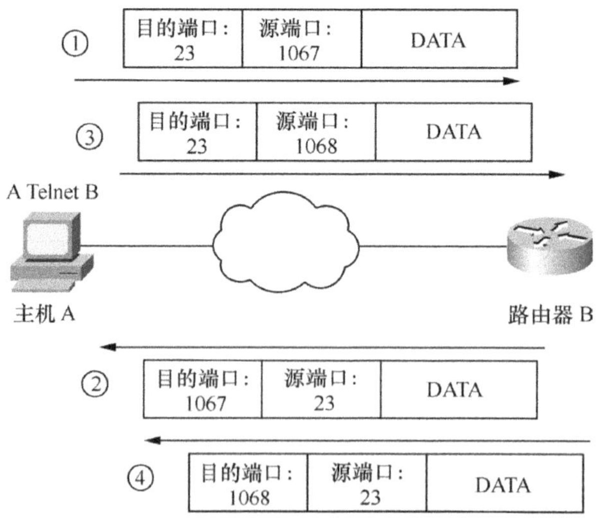

图 1-14　源和目的端口号 2

2. TCP

TCP 为上层应用程序提供可靠的、面向连接的传送服务，并且能对流量进行控制，所以它的传输质量是比较高的。

为确保更好的传输质量，TCP 在段头部中加入了控制信息，让我们来看看 TCP 的段头部是怎样的。

如图 1-15 所示，TCP 段头部长度至少 20 byte，在某些情况下还需要使用到 Option（最大 40 byte），则段头长度相应增加，但总长度不会超过 60 byte。下面为大家介绍 TCP 的数据传送流程及特点。

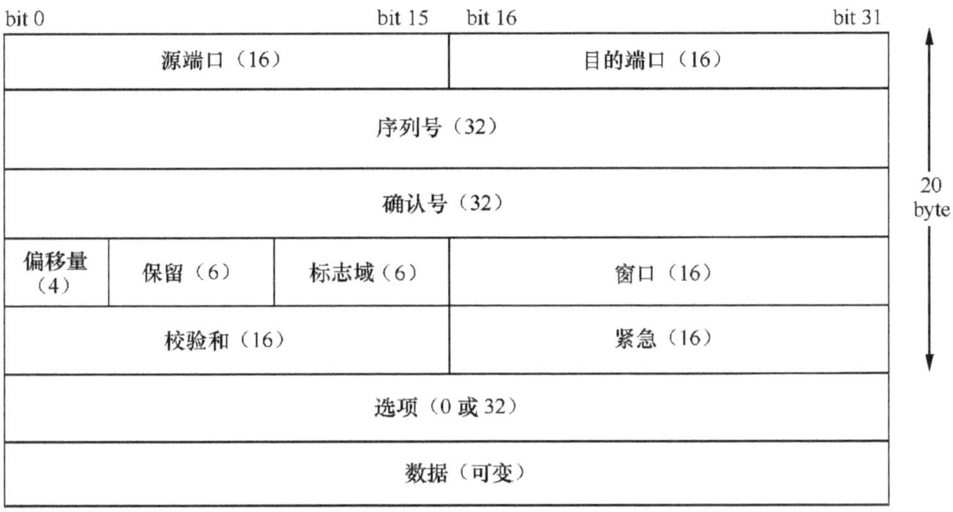

图 1-15　TCP 段头部

（1）序列号和确认号

TCP 使用序列号和确认号来确保数据传输的可靠性。在发送端用序列号来标识它所发送的数据流，每发送一个数据段，序列号的值便相应增加。有了序列号，接收端就可以按顺序将各个段组装起来，还原为上层数据。如果传输过程中由于网络质量不好或者其他原因，造成有的数据段没有被接收，接收端可根据序列号发现哪些是丢失的段。注意，序列号对每字节进行计数，段头中的序列号是整段第一个字节的编号。

确认号用于接收端向发送端要求下一个预期的序列号，表示这之前的序列号对应的数据已经全部接收完毕。发送端收到确认后，发送下一个数据段，段中序列号与之前接收端发来的确认号相同。

发送端为已发送的数据段设置一个计时器，一段时间内没有收到确认，会重新发送。TCP 的这种重传机制大大增加了传输的可靠性，保障了数据的完整性。

另一方面，有的时候网络会存在延迟，即有的数据段由于网络堵车，到达时间会比预期的晚很多。在堵车过程中，发送端由于收不到确认会再次发送序列号相同的数据段，这样接收端就收到两个一样的段。重复的数据对接收端来说是没用的，甚至会影响应用程序的正常使用。这时，TCP 把重复序列号的数据丢弃，避免数据重复。

由于 TCP 是全双工发送数据的，即收发可以同时进行，所以是两端互相发送互相确认。

如果 A 向 B 发送的数据段，每段数据大小是 1000 byte；B 向 A 发送的段每段数据大小是 800 byte；请问图 1-16 中的“？？？”处确认号是多少？

（2）标志域

如图 1-17 所示，标志域包含 6 bit，每个比特代表不同含义，有 0、1 两个取值。

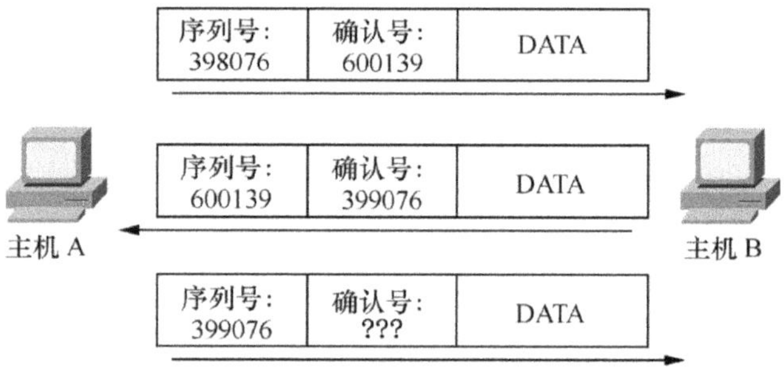

图 1-16　序列号和确认号

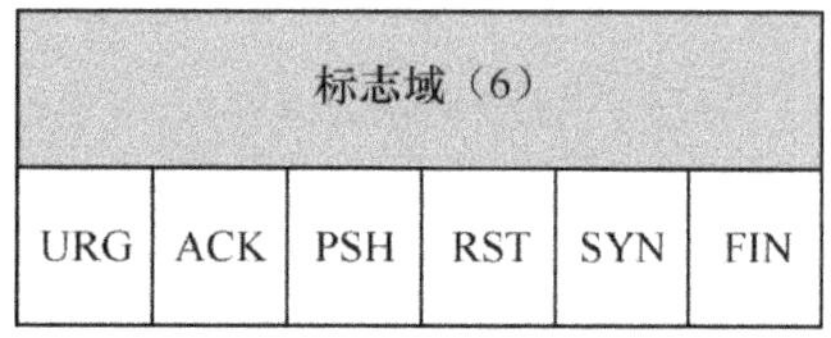

图 1-17　TCP 中的 Code bits

之前提到过，TCP 是面向连接的。TCP 在传输数据前，会通过三次握手先建立一个逻辑连接，在建立连接过程中协商一些传输参数，确保传输中不易出错。连接建立后开始数据传输，传完后则通过第四次握手关闭连接。

图 1-18 中，ACK 为段头部中有无确认号的标志位，有确认时 ACK=1，无则 ACK=0。SYN 为建立连接的指示位，SYN=1 表示 TCP 申请建立连接，只在第三次握手时才出现；SYN=0 表示不建立连接申请。FIN 为关闭连接的指示位，FIN=1 表示 TCP 申请关闭连接，只在第四次握手时才出现；FIN=0 表示不关闭连接的申请。

结合前面讲的序列号和确认号，举个例子来理解 TCP 的工作机制。

假设打算运输一批货物到 A 港口，就要去和对方协商什么时候入港会有泊位，还要了解港口泊位能停泊多大吨位的船只，这便是提前建立逻辑连接。

出发前将货物按顺序编号，将第一船货物运往港口卸货。卸货完毕的空船返回发货地，装载第二船货物继续运送。一船一船顺序运出的货物编号就像序列号，空船返回就是确认号。如果在预估的时间内没有看到返回的空船，则认为运输中途可能出现了意外，会重新安排一艘船运输可能丢失的货物。

当所有货物运输完毕，双方互相确认，一次运输圆满结束。

有的读者会问，为什么建立连接是三次握手，而关闭连接需要四次？因为建立连接时还没有数据传输，收到对方申请后，主机可以在确认对方 SYN 的同时也发起连接申请。但数据传输开始后，TCP 连接在两个方向上能同时传送数据，一个方向传完了而另一个方向可能还没有传完，因此每个方向必须单独进行关闭。一个方向的连接关闭后，另一个方向还可以继续传，直到它也传完了再进行关闭。两个方向关闭的过程不一定是接连发生的，统称为四次握手。

（3）窗口

窗口是 TCP 的流量控制手段。窗口大小由接收端发给发送端，表示想接收的数据大小，从而可以限制发送端的发送速率。接收端接收的数据会存入缓存中，如果发送速率过快，接收端缓存来不及存入，就会造成缓存溢出，多余的数据被丢弃；而如果发送速率过慢，又会造成传输效率太低。所以，接收端可以根据自身情况，在传输过程中随时调整窗口大小，及时通知发送端自己的接收能力。这种可以改变大小的窗口，叫作滑动窗口，调节的过程如图 1-19 所示。窗口的单位是字节（byte）。

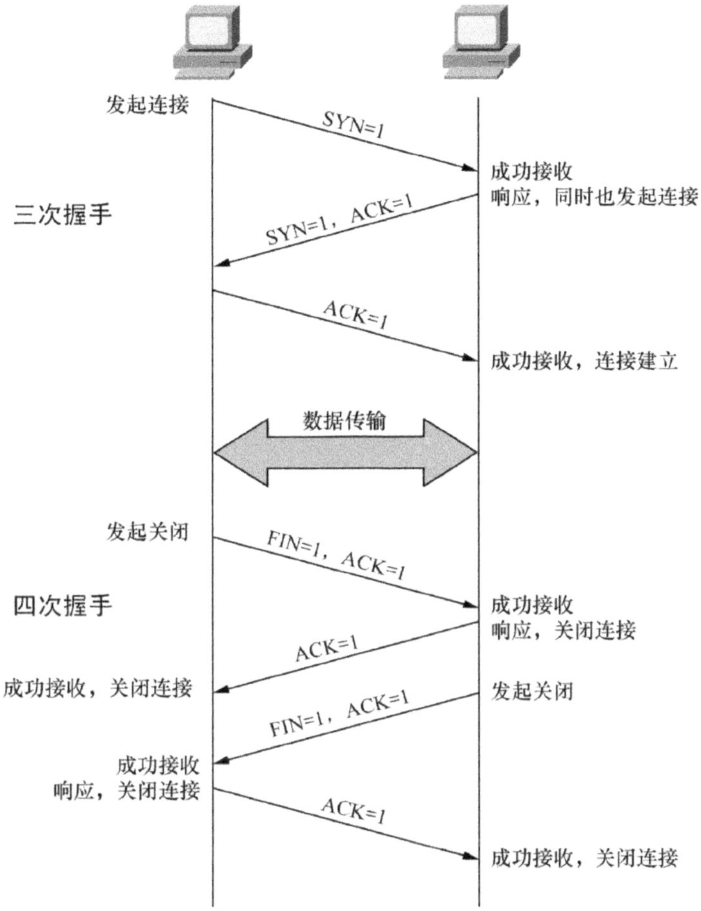

图 1-18　TCP 工作流程

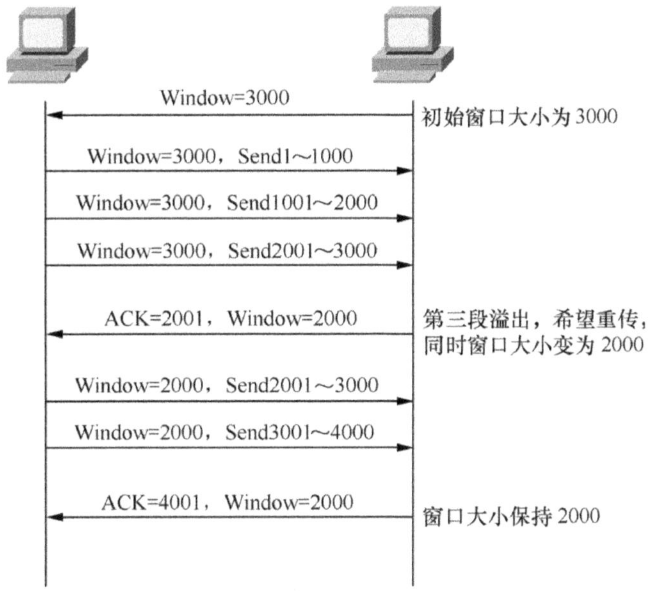

图 1-19　TCP 的滑动窗口

通过前面的描述，我们了解了 TCP 超时重传、面向连接、流量控制的工作机制，这些机制极大地提高了 TCP 的传输质量，同时也带来了一定的副作用，即传输的效率会打折扣。因此，那些把可靠性放在第一位的应用往往选择 TCP 来完成传输。

比如我们浏览网页时，可能不会特别在意网页内容是否在 1～2s 被刷新出来，以及所关注网页的内容能否完全展现，这便需要 TCP 来保障。另一个例子，在相隔数万米的两台 PC 之间传输文件，如果丢失任何字节都会使文件无法打开，那么基于 TCP 的传输协议会是好的选择。

3. UDP

UDP 为上层应用程序提供不可靠的、无连接的传送服务。

图 1-20 为一个 UDP 的段头部信息，可以看到它的内容要比 TCP 简单得多。不可靠指的是不需要为数据编号和确认，无连接指不需要建立逻辑连接，这样它的传输效率就得到了很大提升，所以它的优点是高效传送。而较小的段头使得它的开销也小，带宽利用率比 TCP 要高一些。

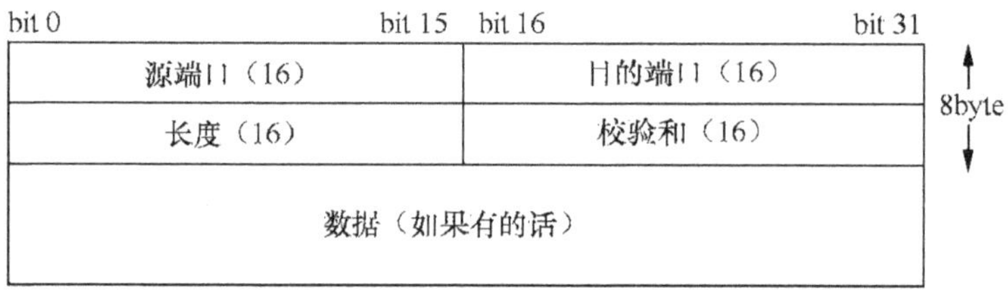

图 1-20　UDP 段头部

UDP 的发送方只管把应用层数据封装发送，就算完成任务，至于对方是否收到，接收能力如何，接收的顺序是否正确，统统不考虑，这样它的传输质量势必受到很大影响。应用层协议在使用 UDP 时，必须考虑到这些问题，如超时重传、数据编号、流量控制等，所以说 UDP 的传输质量由它的上层应用程序来保障。

高效的特点使 UDP 被广泛应用于实时性要求高的业务领域，如网络电话、网络电视、视频会议、机场航班信息滚动屏幕等。这些业务更加注重数据发送的连续性，在可靠性方面可以做出小小牺牲（比如打网络电话时偶尔会有一两个字听不清）。为了获取更好的 UDP 传送效果，一方面是尽量为 UDP 提供良好的网络环境，如足够的带宽、高性能的网络设备；另一方面，就要靠应用程序来提供可靠性了。

4. TCP 与 UDP 对比

TCP 与 UDP 对比如表 1-4 所示。

表 1-4　TCP 和 UDP 的对比

对比项	TCP	UDP
面向连接	是	否
可靠性	有	无
流量控制	有	无
开销	大	小

续表

对比项	TCP	UDP
传输速度	慢	快
使用场景	大量数据传送和可靠性要求高的业务	少量数据传送和实时业务
典型应用	FTP、HTTP、Telnet 等	DNS、SNMP、IPTV 等

1.2.4.3 网络层

TCP/IP 的网络层的主要功能是编址（IP 地址）、路由、数据打包。网络层包含 5 个协议，其中 IP 是核心协议。

1. IP

如图 1-21 所示，IP（Internet Protocol，网际协议）赋予主机 IP 地址，以便完成对主机的寻址；它与各种路由协议协同工作，寻找目的网络的可达路径；同时 IP 还能对数据包进行分片和重组。IP 不关心数据报文的内容，提供无连接的、不可靠的服务。

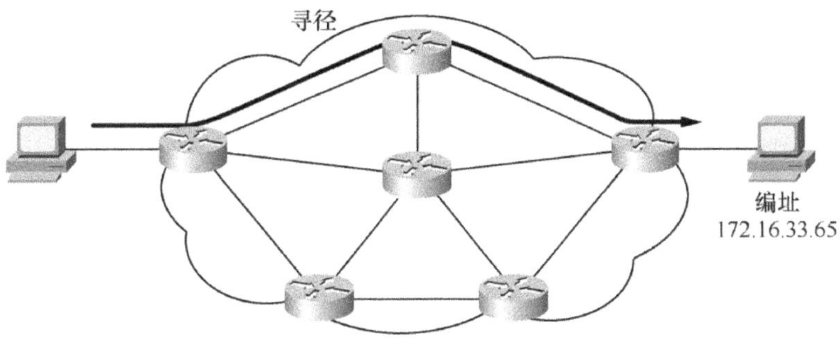

图 1-21 IP 的主要功能

接下来介绍 IP 的一些细节。

图 1-22 为一个 IPv4 包的格式，在左上角 Version 字段里会指出这是版本 4 的 IP 包，如果是 IPv6，包头格式会有所不同，这里不做讨论。如未做特别说明本书所有“IP”均代表 IPv4。IP 包头分为两个部分固定长度部分和可选部分。固定长度部分是 20 byte，每个 IP 包必须包含这 20 byte。可选项最长 32 byte，在某些特殊场景中使用，本书暂不讨论。接下来就 IP 包头中一些重要字段，来与大家一起了解 IP 的原理和应用。

（1）优先级和服务类型

优先级和服务类型（Priority & Type of Service）共 8 bits，主要用于 IP 包传输过程中的服务质量控制。在网络中有时候会出现堵塞的现象，有可能是由带宽不足引起，也可能是设备的转发能力不足引起，总之堵塞的出现会导致某些重要业务丢包，影响业务的正常使用。比如说在看网络电视的时候，网络堵塞会造成画面延迟、出现马赛克的现象。对于这种现象，解决方案是把不同业务分等级，让等级高的优先占用带宽得以转发。怎么为不同的业务分等级呢？就通过这个优先级和服务类型字段来实现。

如图 1-23，把优先级和服务类型当中的 6 bits 整合起来，称为 DSCP（Differentiated Services Code Point，差分服务代码点），从而得到 0～63 个优先级，值越高则获取网络资源的优先级越高。要将某种业务在网络中的优先等级提高，只需要赋予此业务的 IP 包更大的 DSCP 值即可，如图 1-23 所示。

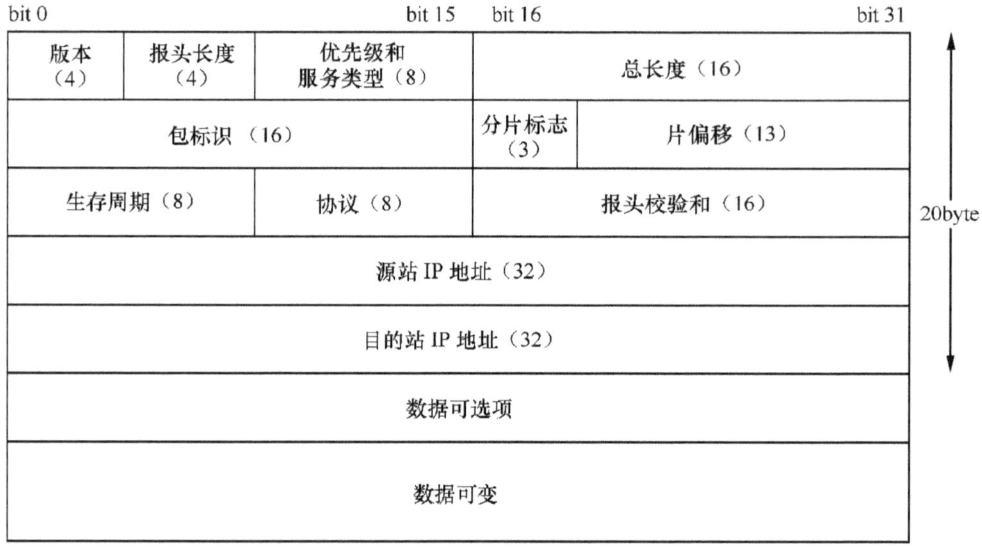

图 1-22　IPv4 包的格式

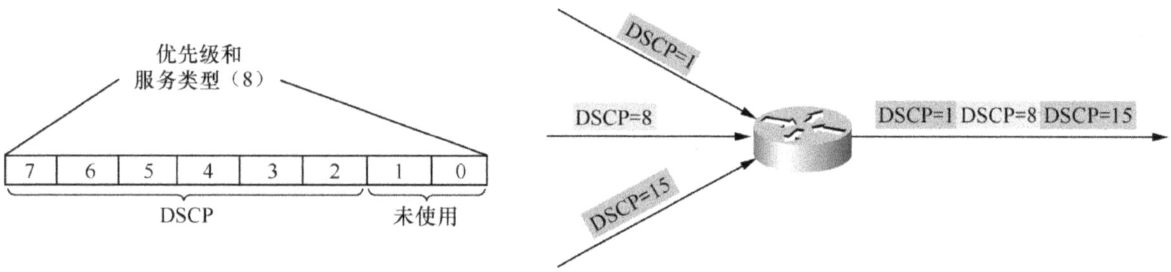

图 1-23　DSCP 及其应用

（2）包标识

包标识（Identification）唯一标识主机发送的每个 IP 数据包，每发送一个包它的值就会加 1。

（3）分片标志

首先说明一下为什么要分片。我们知道 IP 承载于网络接口层协议（实际上对应 OSI 的数据链路层协议）之上，这些协议把 IP 包封装成帧，每一帧允许传输的数据量是有限的，这个限制叫作 MTU（Maximum Transmission Unit，最大传输单元）。MTU 包括 IP 包头及 IP 包中的上层数据，不包括数据链路层帧头和帧尾。每个数据链路层协议 MTU 不一样，由协议自身的特性决定。

以 Ethernet（以太网）为例，常见的以太网帧如图 1-24 所示。

图 1-24　常见的以太网帧

DATA 包括上层协议的报文头，比如 UDP 段头。如果一个 IP 包的 DATA 部分太大，使得 IP 报头 + DATA 的长度超过 1 500 byte，那么 IP 会进行分片，使得每一片的大小在

1 500 byte 内。

分片标志（Flags）当中一共有 3 个字段，如图 1-25 所示。

分片标志		
R	DF	MF

图 1-25　分片标志字段

R：保留未用。

DF：即 Don’t Fragment（“不分片”位）。如果 DF=1，表示不允许分片；默认状态下 DF=0，表示可以分片。如果在需要分片的情况下 DF=1，那么这个 IP 将被丢弃。

MF：即 More Fragment（“更多的片”）。在一个 IP 包被分片后，MF=1 的片表示后面还有其他分片；MF=0 表示这一片就是多个分片中的最后一片。

（4）片偏移

片偏移（Fragment offset）为分片后，在该片偏移原始数据包开始处的位置，偏移的字节数是该值乘以 8。通过这个值接收端可以按顺序将多个分片组装还原。

图 1-26 是一个 IP 分片的例子。

假设 IP 包要传送的 DATA 长度是 4 000 byte，来看看 IP 包如何分片。注意，每一片都有自己的 IP 包头，同一个包的多个分片 Identification 值应该是一致的。

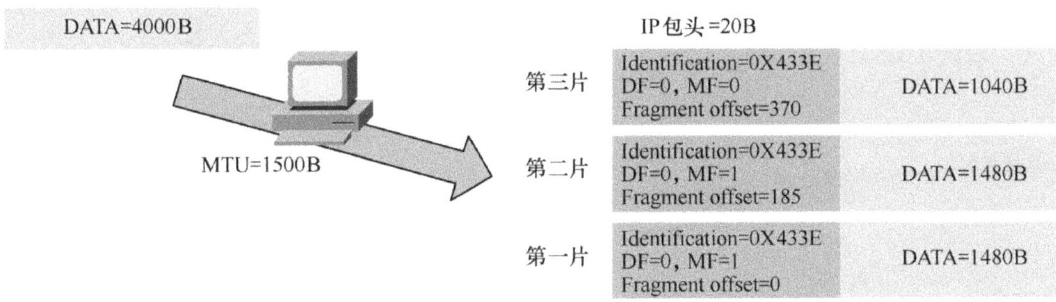

图 1-26　IP 包分片示例

（5）生存时间

生存时间（Time to live，TTL）的单位为 hop（跳，每一跳代表一个路由器）。TTL 值设置了 IP 能被路由器转发的最大次数。TTL 的初始值由源主机设置，IP 包一旦到达某个路由器，路由器将 TTL 减去 1，TTL≠0，则转发此包，若减 1 后 TTL=0，路由器停止转发此包。

TTL 有两个用途，一是可以避免由于网络环路造成的 IP 包无限循环转发，占用大量网络资源的问题；二是可以通过设置 TTL 值来控制 IP 发送的范围。

图 1-27 中 4 个路由器之间存在路由环路，即 IP 包会在此环路上反复转发，这种情况可能是由错误的配置引起的。当 IP 包进入此环路后，在转发过程中，TTL 值逐一减少，直到 TTL=0 时停止转发。

举个例子：图 1-28 中，视频服务器想要控制视频节目只能被家属区收看到，可以通过设置初始 TTL 值来实现。

（6）协议

协议（Protocol）共 8 bit，用于指出被 IP 承载的是哪一个上层协议。如图 1-29 所示，每一个上层协议由唯一的协议号来标识，常见的有 TCP=17，UDP=6，ICMP=1，OSPF=89，可以看出这些上层协议不一定属于传输层。

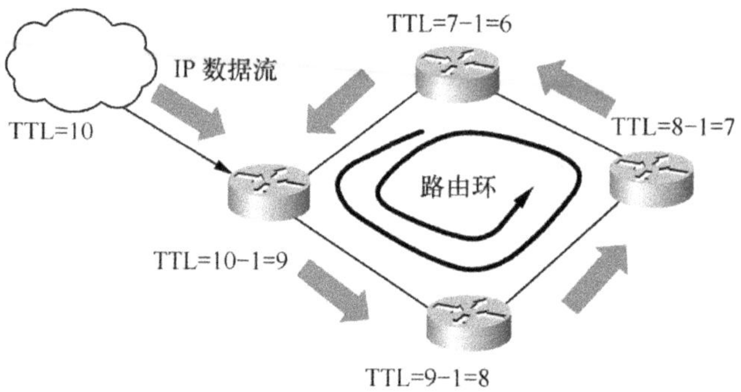

图 1-27　TTL 的应用 1

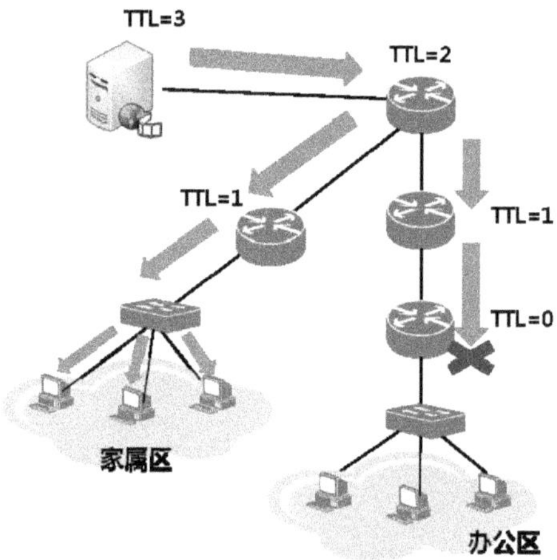

图 1-28　TTL 的应用 2

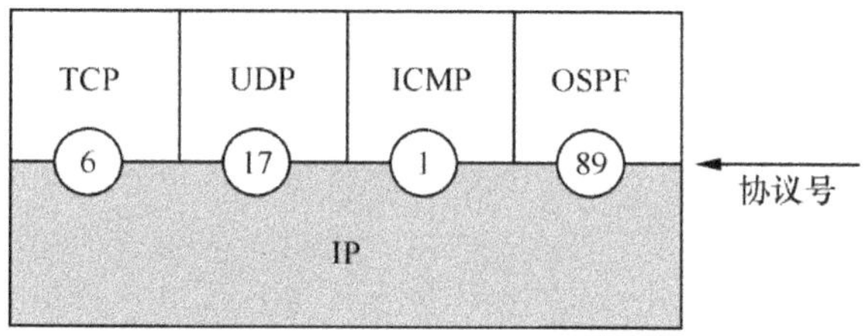

图 1-29　IP 包头中的协议号

（7）源 IP 地址和目的 IP 地址

源 IP 地址（Source IP Address）代表 IP 包从哪里发出来，目的 IP 地址（Destination IP Address）表示目的地。路由器通过检查目的 IP 地址与自身路由表的匹配关系来决定如何转发 IP 包。

如图 1-30 所示，IP 地址有两种表达方式——十进制和二进制。在配置主机和网络设备的时候使用十进制，主要是为了方便记忆，设备自身会将十进制转换成二进制来计算。

关于 IP 地址的进一步介绍，请大家参考 1.2.5 节。

十进制 IP 地址	二进制 IP 地址
172.16.36.1	10101100.00010000.00100100.00000001

图 1-30　IP 地址的两种表示

2. 网际控制消息协议

网际控制消息协议（Internet Control Message Protocol，ICMP）是一个在 IP 主机、路由器之间产生并传递控制消息的协议，这些控制消息包括各种网络差错或异常的报告，比如主机是否可达、网络连通性、路由可用性等。设备发现网络问题后，产生的 ICMP

消息会被发回给数据最初的发送者，以便他了解网络状况。

ICMP 并不直接传送数据，也不能纠正网络错误，但作为一个辅助协议，它的存在仍很有必要。因为 IP 自身没有差错控制的机制，ICMP 能帮助判断出网络错误的所在，以便快速解决问题。

最常见的 ICMP 应用案例就是“Ping”和“Trace”。

“Ping”这个词源于声呐定位操作，目的是为了测试另一台主机是否可达。下面来看看 Ping 的实现过程。

图 1-31 中，A 向 B 发起回声请求，这个 ICMP 包被 B 收到后，会产生一个 ICMP 的回声应答发回给 A。如果 A 能收到这个回声应答，会反馈 B 的可达信息。如果 A 在一段时间内收不到回声应答，会反馈请求超时的信息。

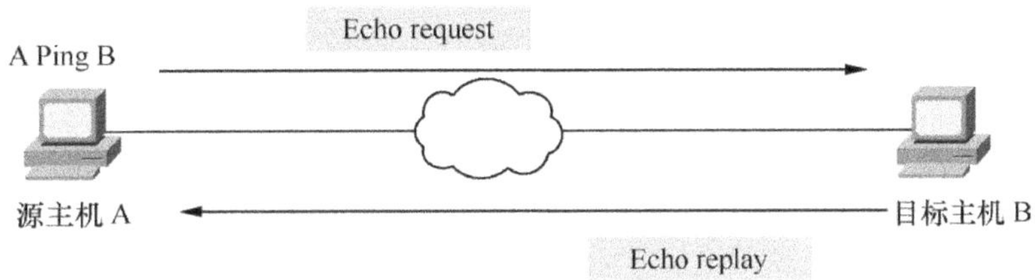

图 1-31 Ping 流程

“Trace”主要是用来进行路径跟踪，通过它可以知道源到目的主机经过了多少跳、都是哪些设备。如果中间网络有故障，“Trace”只会列出到达这个故障点之前经过了哪些设备，从而很直观地帮助我们定位出故障点在哪里。所以“Trace”是一个非常简单易用的故障定位工具。

下面来看看“Trace”的工作过程。

如图 1-32 所示，源主机 A 首先向目的主机 B 发送 TTL=1 的“Echo request”报文，这个报文在 R1 处因为 TTL 递减为 0 而被 R1 所丢弃，R1 同时产生一个“Time-to-live exceeded”的 ICMP 报文发往源主机 A，此报文的源 IP 地址为 R1 的 IP。这样 A 便知道了去往 B 所经过的第一个设备的 IP 地址。接下来 A 顺序发送 TTL=2、TTL=3…的“Echo request”报文，继续探知其他路由器的 IP 地址，直到 B 收到“Echo request”报文，由于它自身是此报文的目的主机，它会回应一个“Echo reply”给 A，A 收到这个 Ping 的回应，认为目标已到达，整个 Tracert 流程就结束了。

3. ARP

已知对方的 IP 地址，采用 ARP（Address Resolution Protocol，地址解析协议）去获取对方 MAC 地址。

数据链路层协议（如以太网）有自己的寻址机制（48 bit 地址），这是使用数据链路的任何网络层都必须遵从的。当一台主机把以太网数据帧发送到位于同一局域网上的另一台主机时，是根据 48 bits 的以太网地址来确定目的接口的。设备驱动程序从不检查 IP 数据报中的目的 IP 地址。以太网采用的地址称为 MAC（Media Access Control）地址。一个 MAC 地址的例子：00：D0：D0：03：5B：EA。其中前 6 位十六进制数代表生产厂商，后 6 位十六进制数是由厂商分配的序列号，这样目的地表示唯一设备的地址，称为单播地址。如果 MAC 地址为 FF：FF：FF：FF：FF：FF，称为广播地址，它表示网络内的所有主机只用作目的地址。

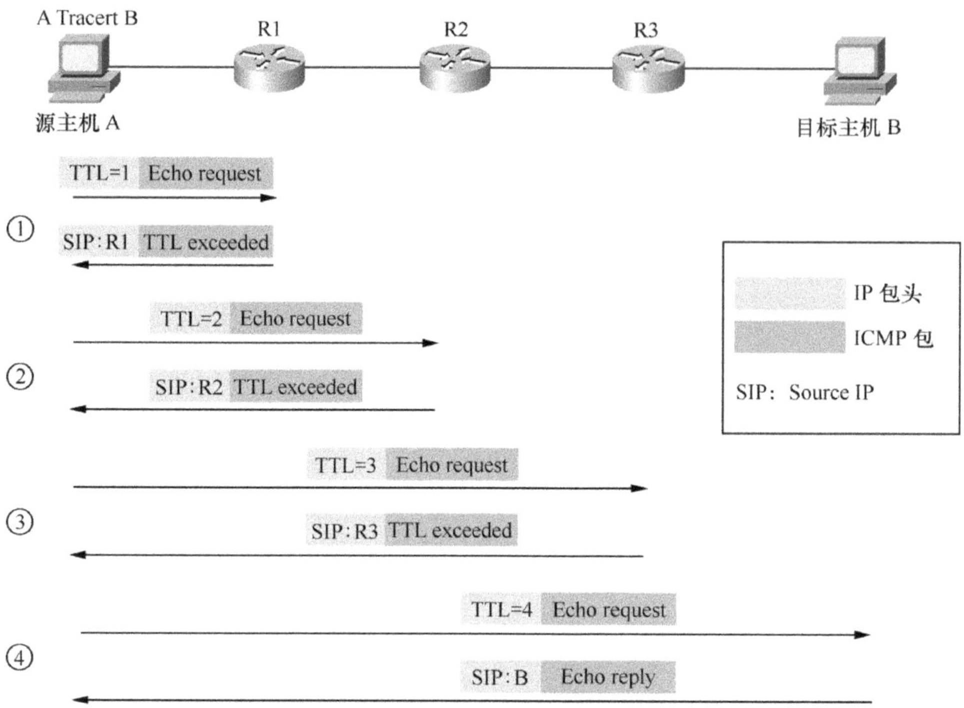

图 1-32　Trace 流程

ARP 过程如下：ARP 发送一份称作 ARP 请求的以太网数据帧给以太网上的每个主机，这是一个广播请求。ARP 请求数据帧中包含目的主机的 IP 地址，其意思是“如果你是这个 IP 地址的拥有者，请回答你的硬件地址”。

连接到同一 LAN 的所有主机都接收并处理 ARP 广播，目的主机的 ARP 层收到这份广播报文后，根据目的 IP 地址判断出这是发送端在寻问它的 MAC 地址（见图 1-33），于是发送一个单播 ARP 应答。这个 ARP 应答包含 IP 地址及对应的硬件地址。收到 ARP 应答后，发送端就知道接收端的 MAC 地址了。

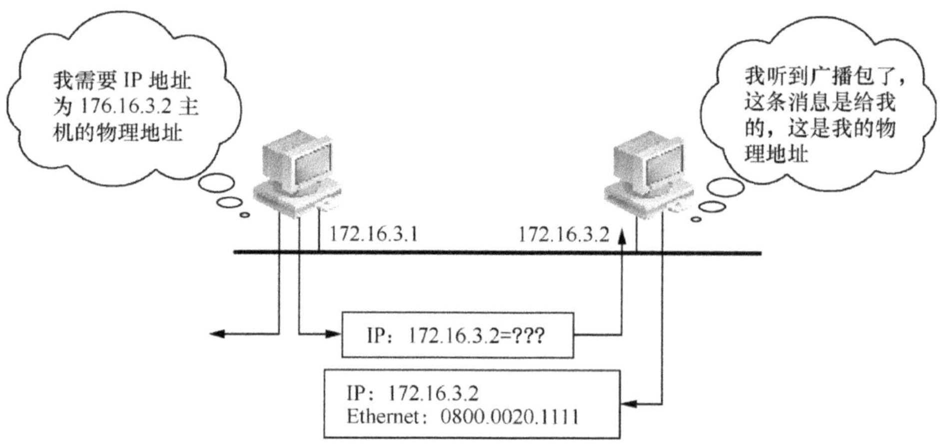

图 1-33　ARP 工作机制

1.2.4.4　网络接口层

TCP/IP 的网络接口层对应 OSI 的数据链路层和物理层。TCP/IP 只定义了网络接口层的功能，没有定义具体的协议。也就是说，网络接口层协议来自其他标准和组织，TCP/IP 向下兼容，与各种下层协议协调工作。

网络接口层的主要功能如下。

（1）把二进制数据（比特流）编码后送到物理介质上（光纤、铜线、无线），让接收端能接收编码；

（2）把比特流装配成帧，以便通过链路成块地传输给接收端；

（3）对传输的帧进行差错检测；

（4）当一个链路有多个主机共享时，进行介质访问控制。

网络接口层协议很多，包括 Ethernet（以太网）、PPP（Point-to-Point Protocol，点到点协议）、ATM（Asynchronous Transfer Mode，异步传输模式）、Frame Relay（帧中继）等。其中最为常见的是 Ethernet。

Ethernet 最初是由 Xerox 公司创建并由 Xerox、Intel 和 DEC 公司联合开发的局域网规范。

20 世纪 80 年代，IEEE 802 委员会以 Ethernet V2 为基础，推出 IEEE 802.3 标准，该标准定义了在局域网中采用的电缆类型和信号处理方法，其特点是采用 CSMA/CD（载波监听多路访问/冲突检测）的介质访问控制技术。人们习惯性地将 IEEE 802.3 称为以太网，如今的以太网标准由 IEEE 802.3 来描述。

今天，以太网已经成为应用最为广泛的局域网技术，它采用 MAC 地址来标识网络设备。

1.2.5　IP 地址

互联网协议地址（Internet Protocol Address），又称 IP 地址。IP 地址是 IP 协议提供的一种统一的地址格式，它为互联网上的每一个网络和每一台主机分配一个逻辑地址，以此来屏蔽物理地址的差异。

计算机采用二进制的 IP 地址，一共 32 位，每 8 位为一组，这对于网络使用者来说无疑很难记忆。为便于书写及记忆，一个 IP 地址允许采用 0～255 之间的 4 个十进制数表示，数之间用句点分开。这些十进制数中的每一个都代表 32 位地址的一个 8 位位组，用“.”分开，称为点分表示法，如图 1-34 所示。

十进制 IP 地址	二进制 IP 地址
172.16.36.1	10101100.00010000.00100100.00000001

位数	8	7	6	5	4	3	2	1
二进制	1	1	1	1	1	1	1	1
十进制	128	64	32	16	8	4	2	1

八位二进制与十进制数的对应关系

172.16	36.1
网络地址	主机地址

图 1-34　IP 地址

1.2.5.1　IP 地址分类

按照最初的定义，IP 寻址标准并没有提供地址类，后来为了便于管理才加入了地址类的概念。地址类的实现将地址空间分解为数量有限的特大型网络——A 类、数量较多的中等网络——B 类、数量非常多的小型网络——C 类、用于组播的 D 类和保留的用于研究的 E 类，如图 1-35 所示。

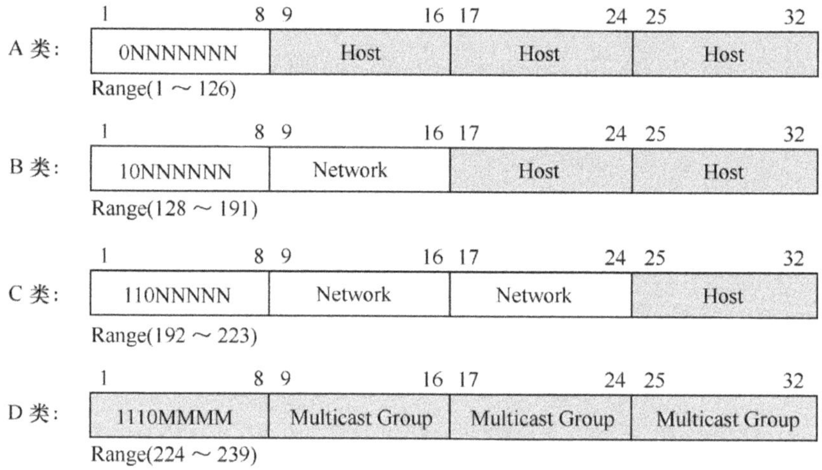

图 1-35　IP 地址分类

A、B、C 类为互联网中设备所使用的地址，D 类为组播地址，其他尚未使用的地址保留作为研究用途。

1.2.5.2　特殊 IP 地址

即使在 A、B、C 类地址当中，也有一部分 IP 地址有着特殊的用途，不能直接配置到主机或网络设备上使用，这一点请大家留意。表 1-5 记录了这些特殊 IP 及用途。

表 1-5　特殊 IP 地址

地　　址	特殊用途
主机位全为 0	主机位全为 0 的地址是网络地址，一般用于路由表中的路由
主机位全为 1	某个网络的广播地址，可向指定的网络广播
127.0.0.0～127.255.255.255	127 开头的整段地址都是保留地址，其中 127.0.0.1 可以用来做测试，作为设备的环回地址，意思是“我自己”； 在主机上 Ping 127.0.0.1，可以判断 TCP/IP 协议栈是否完好和网卡是否正常工作。能收到自己的回声响应表示正常
0.0.0.0	用于默认路由
255.255.255.255	本地广播，可向本网段内广播

可分配的 IPv4 地址被分成公网地址和私网地址，也叫外网地址和内网地址。所谓公网地址，是指在互联网中必须唯一的地址，这些地址全球范围内不能重复。但是，如果所有的 IP 地址都只能使用一次，恐怕早就使用殆尽了。

为了解决 IPv4 地址数量不足的问题，一部分地址被指定为私网地址，允许在企业、校园、家庭的局部范围内反复使用。

私网地址的范围如下。

10.0.0.0～10.255.255.255

172.16.0.0～172.31.255.255

192.168.0.0～192.168.255.255

1.2.5.3　子网掩码

A、B 类网络地址空间都很大，如果一次分配掉一个，很快就分配完了。而获取这么大一段地址的企业，一方面可能没有这么多主机，会造成地址的严重浪费；另一方面这么多主机在一个网络中管理，管理效率必然低下，一旦爆发病毒攻击，影响面也会很大。

就像一个军团有 10 万人，如果统一由军团长来管理、调度，军团长肯定忙不过来；如果按层级分成军、师、团、营、连、排、班，由相应的长官来管理，则灵活、高效许多。网络中的地址管理也是一样的，如果能在大型网络的基础上，根据需要划分一些小的子网络，则分配起来既不造成浪费，也便于管理。子网络简称为子网，子网掩码就是用来划分这些子网的工具。IP 子网掩码格式如图 1-36 所示。

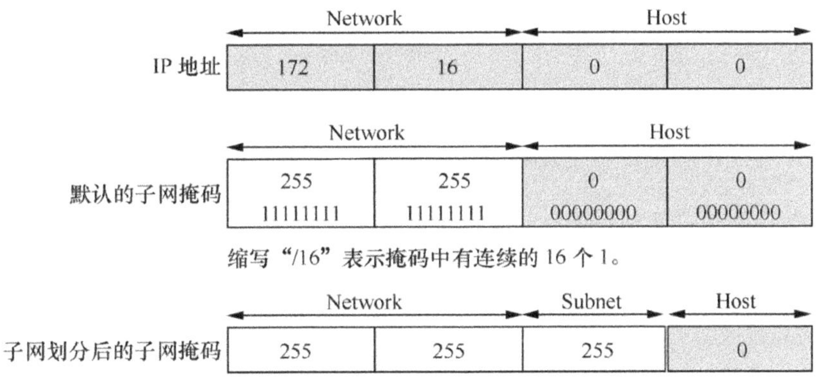

图 1-36　IP 子网掩码格式

用二进制表示：子网掩码与 IP 地址一样，也是 32 位二进制数。掩码的前半部分是连续的"1"，代表网络位，后半部分是连续的"0"，代表主机位，1 和 0 不能交叉。子网掩码与 IP 地址配合使用，掩码中的"1"告诉我们这个 IP 地址中前多少位是网络位，掩码中的"0"则指出 IP 地址中后多少位是主机位。所以，子网掩码就可以决定一个网络的大小，子网掩码中"0"的数量越多，网络规模就越大。

用十进制表示：为了方便记忆，子网掩码也可以用十进制数表示，与 IP 地址一样，每 8 位二进制数转换为一个十进制数。

用前缀长度表示：为了进一步简化子网掩码的表达，还可以用"/"加上网络位的位数来代表子网掩码，叫作前缀长度。比如，255.255.0.0 可以表示成"/16"，255.255.255.0 可表示为"/24"。请问：如果前缀长度是"/20"，对应的子网掩码是什么呢？

1.2.5.4　IP 地址计算

子网掩码能告诉我们 IP 地址中网络位和主机位的位数，如果把其中的主机位全部置为 0，便可以获取该 IP 地址对应的网络地址。网络地址能帮助主机和设备做出路由判断，是非常有用的。如果 IP 地址中主机位全为 1，则该 IP 地址是该网络的广播地址。除去网络地址和广播地址，中间剩下的就是一个网络可分配的地址范围。

主机要计算 IP 地址对应的网络地址，只需要把 IP 地址与子网掩码做“与”操作，其结果就是 IP 地址的主机位全部置 0，如图 1-37 所示。

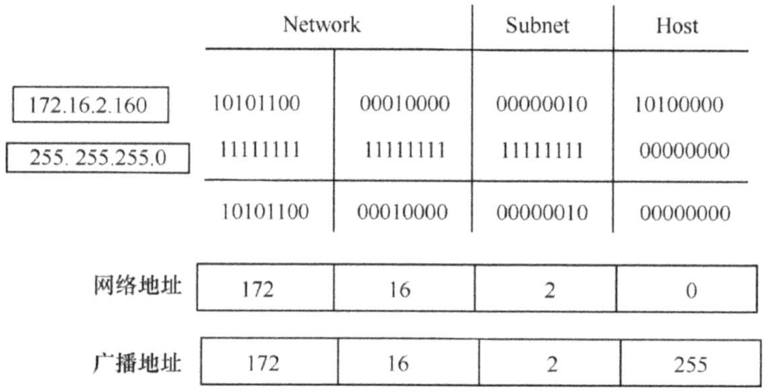

图 1-37　网络地址和广播地址

接下来再看一个完整的计算案例。针对给定的 IP 地址和子网掩码，要求计算该 IP 地址对应的网络地址、广播地址及该子网可分配的 IP 地址范围，如图 1-38 所示。

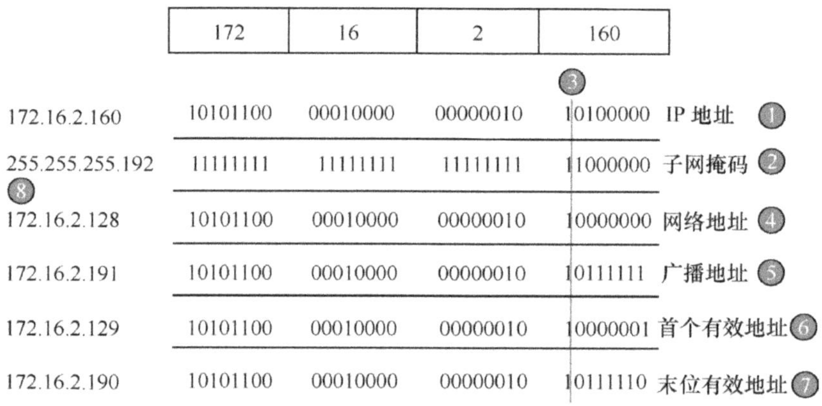

图 1-38　IP 地址的计算过程

说明：

①，②：将 IP 地址与子网掩码转换成二进制，对齐。

③：在子网掩码“1”和“0”的中间画出分隔线，将 IP 地址的网络位和主机位分开。

④：IP 地址主机位全部置 0，得出网络地址。

⑤：IP 地址主机位全部置 1，得出广播地址。

⑥：网络地址加 1，即是首个有效地址。

⑦：广播地址减 1，即是最后一个有效地址。从首个有效地址到最后一个有效地址的这个范围内，都是可分配的 IP 地址。

⑧：将④～⑦的结果转换成十进制数。

1.2.5.5　IP 地址规划

A、B、C 类网络可以通过子网掩码划分成多个子网，这些子网如果还是太大，又可以进一步划分成更多的小子网。子网掩码的长度可以任意增长（即以 1 为单位增多）。将较大的网络划分成多个较小网络的技术，被称为 VLSM（Variable Length Subnet Mask，可变长度的子网掩码）它使 IP 地址的规划使用变得非常灵活。

比如说，如果一个网络内有 50 台主机需要分配 IP 地址，配置怎样的子网掩码才是最合适的呢？回顾之前计算网络中有效 IP 地址的数量公式，得到：$2^n-2\geqslant 50$，为了尽量节约 IP 地址，显然 n=6 最合适，所以子网掩码就是 255.255.255.192。

这样的例子很常见，当网络中有大量的网络设备和计算机的时候，做出合理的 IP 地址规划能最大限度地利用已有的 IP 地址，在避免浪费的同时也利于后期维护。

下面看一个 IP 规划的例子。

图 1-39 为某公司在 A 省的分公司，包括 6 个部门，每个部门 10～20 人不等，要求每个部门划分为一个子网，能互相通信。总公司分配了一个网段 10.33.62.0/24，要求在此基础上为分公司做 IP 地址规划。

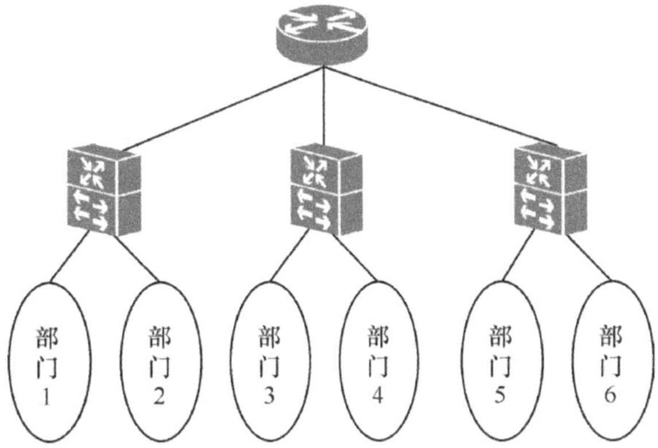

图 1-39　IP 地址规划

首先，要了解哪些地方需要用到 IP 地址。一般有以下 3 种用途。

（1）网络设备的管理地址。网络设备需要配置一个单独的 IP，方便后续对它进行配置管理。一般在 loopback 接口中配置 IP 地址来作为管理地址，以方便记忆。

loopback 接口是网络设备的一种特殊接口，其特点是永远处于有效状态，不会因为物理链路中断而导致接口上的 IP 地址失效，非常适用于网管。由于一个设备只需要一个网管地址，所以地址的掩码是 255.255.255.255，即前缀长度“/32”。

（2）网络设备的互联地址。网络设备互联时，在对接接口上需要配置 IP 地址来通信。对接的接口 IP 地址必须在同一个子网内，子网中只需要 2 个有效 IP 地址，两端设备一边一个。此子网的掩码应该是多少呢？根据 $2^n-2\geqslant 2$，n=2 最合适，所以子网掩码是 255.255.255.252，即前缀长度“/30”如图 1-40 所示。

（3）业务地址。它包括所有主机、服务器、打印机等设备的地址。本例中就是 6 个部门要使用的地址。业务地址的分配要考虑以下三个要素：

① 地址数量满足需求；

② 为未来可能增加的终端做好预留；

③ 避免地址浪费。

在本例中，考虑到可能的打印机、扫描仪和未来增加人员，分配给每部门的 IP 要比实际需求多一些，可以考虑使用 255.255.255.224，如图 1-41 所示。大家想想每个子网包含多少个有效地址？

图 1-40　接口地址

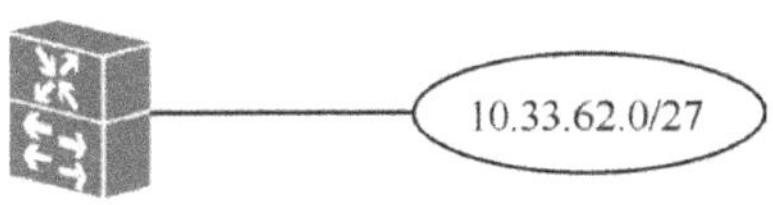

图 1-41　业务地址

其次，还要考虑到分配的地址要有一定的规律，要整齐，且便于记忆。地址分配的方案并不是唯一的，分配好的子网也不一定能把所有的 IP 地址都正好用完，那些剩余的 IP 地址可以留到后续网络扩大之后再使用。

1.3 二层交换的原理

1.3.1 交换机的基本功能

以太网交换机工作在数据链路层。下面所说的交换机指的都是以太网交换机。

它的基本功能有以下三个。

（1）端口带宽独享

交换机的特点是端口之间隔离冲突域，端口独享带宽，转发效率更高。

（2）MAC 地址学习

交换机能识别数据帧中的 MAC 地址并进行记录，形成 MAC 地址表。MAC 地址表是交换机转发数据帧的依据。

根据图 1-42 来看看 MAC 地址的学习过程。假设这是交换机中的第一次通信，主机 1 向主机 3 发送 ARP 请求。主机 1 发送 ARP 请求，此为广播帧，帧中源 MAC 地址是 MAC1。此时交换机的 MAC 地址表还是空的。

数据帧被交换机接收后，首先就是要记录下源 MAC 地址与入端口的对应关系。如果这个入端口已经关联了相同的 MAC 地址，则不需要重复记录。

有时候交换机端口还连接着接入交换机，接入交换机又连接着大量主机，所以一个交换机端口可以学习多个 MAC 地址。

（3）数据帧转发

交换机在记录源 MAC 地址之后会尝试查询 MAC 地址表中是否存在目的 MAC 关联的端口，如果有则从该端口转发出去；如果没有，则采取洪泛（广播）的做法，即向除了接收端口之外的其他所有端口转发。下面继续进行图 1-42 之后的步骤，把 ARP 流程完整地演示一遍，如图 1-43 所示。

交换机转发原则：

① 接收帧目的 MAC 为单播，查询 MAC 地址表，找到与目的 MAC 地址匹配的表项后向对应端口转发。若没有匹配的表项，则洪泛。

② 接收帧目的 MAC 为组播，默认情况下洪泛。组播帧的识别方法：二进制的 MAC 地址，第 8 个 bit 为 1 是组播（所有 bit 全为 1 是广播），为 0 是单播，例如 01-00-5E-00-00-05 就是一个组播地址。若交换机开启了组播功能，则按组播转发表转发，这个不属于本书的讨论范围。

③ 若接收帧目的 MAC 为广播，则洪泛。

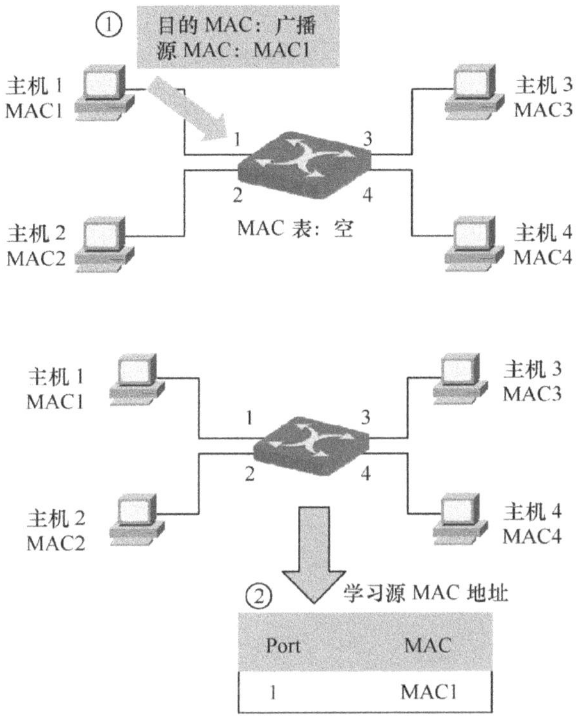

图 1-42　MAC 地址学习

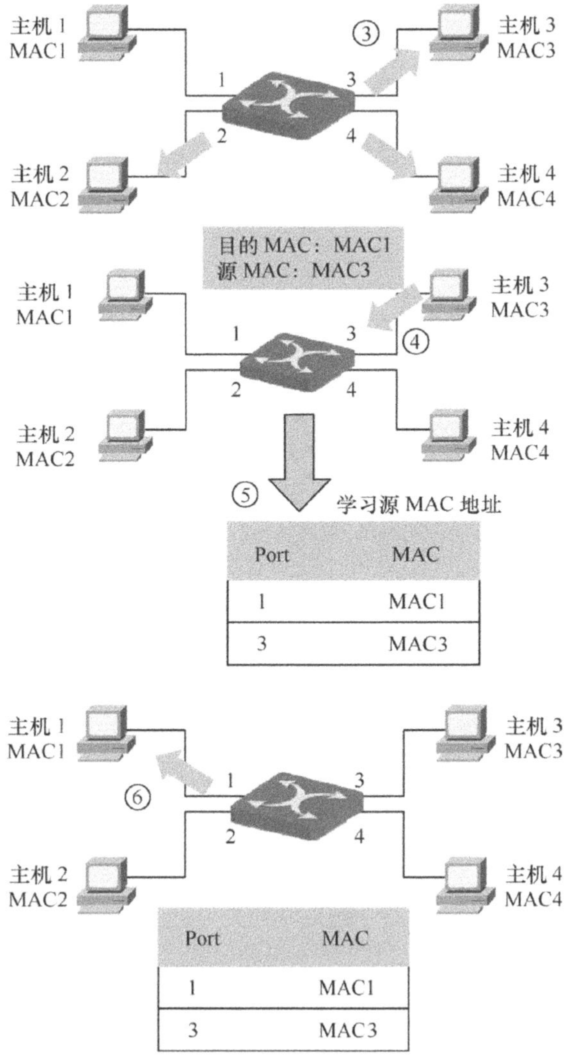

图 1-43　数据帧转发

说明：

①：主机 1 发送 ARP 请求，请求主机 3 的 MAC 地址；

②：交换机记录数据帧中的源 MAC 地址；

③：将广播帧洪泛出去；

④：主机 3 产生单播的 ARP 回应；

⑤：交换机记录 ARP 回应帧的源 MAC 地址；

⑥：根据帧的目的 MAC 地址，查询 MAC 地址表，找到匹配的表项，向相应的端口转发出去。

1.3.2　VLAN

VLAN（Virtual Local Area Network，虚拟局域网）是一种在逻辑上分割局域网的技术。

VLAN 的主要作用是隔离二层广播。二层广播就是目的 MAC 地址为 FF-FF-FF-FF-FF-FF 的帧，即接收者为所有人。广播很常见，比如 ARP 请求、DHCP 请求、PPPoE 等都使用了广播，而且病毒攻击也喜欢使用广播。所以，用 VLAN 来隔离广播，主要是为了增加网络的安全性。属于不同 VLAN 的主机，如果不通过路由设备，是无法互相通信的。

1.3.2.1 VLAN 的特点

1. 区段化

使用 VLAN 可将一个广播域分隔成多个广播域，相当于在物理网络上分隔的多个单独的网络，即将一个网络进行区段化，减少每个区段的主机数量，提高网络性能，也便于管理。

2. 灵活性

VLAN 成员的添加、修改和移除都可以通过配置交换机软件来实现，不需要额外增加硬件设备，而且同一 VLAN 的成员并不局限于一个交换机，也可以跨交换机实现 VLAN 划分，正如图 1-44 展示的那样。

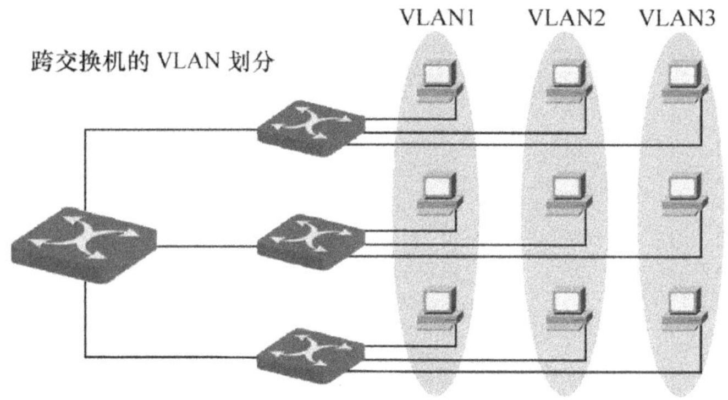

图 1-44 VLAN 灵活应用

3. 安全性

划分 VLAN 后，VLAN 之间的通信被隔离，极大地限制了病毒爆发的影响范围。用户加入特定 VLAN 及 VLAN 之间通信都需要网络管理员进行配置，相应地提高了安全性。

1.3.2.2 VLAN 的划分方式

目前最普遍的 VLAN 划分方式为基于接口的划分方式。网络管理员将接口划分为某个特定 VLAN 的接口，连接在这个接口的设备即属于这个特定的 VLAN，如图 1-45 所示。

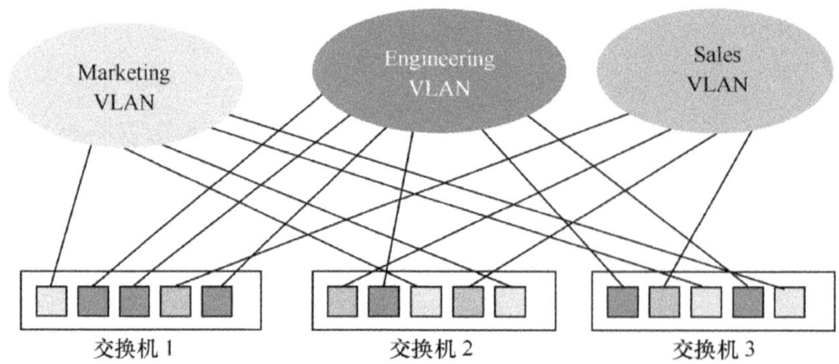

图 1-45 基于接口划分 VLAN

基于接口的 VLAN 划分，其优点是配置简单，对交换机转发性能几乎没有影响。其缺点为需要为每个交换机接口配置所属的 VLAN，一旦用户移动位置可能需要网络管理员对交换机的相应接口进行重新设置。

1.3.2.3　VLAN 的标准

当前业界普遍采用的 VLAN 标准是 IEEE 802.1Q，它规定了在以太网帧中加入 VLAN 标签的格式，如图 1-46 所示。

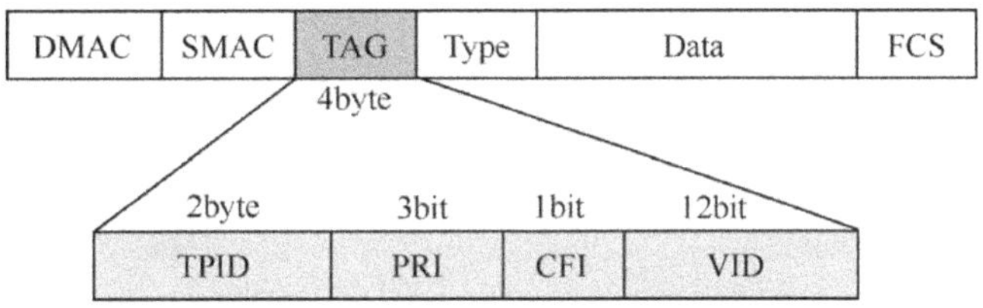

图 1-46　带 VLAN 标签的以太网帧

802.1Q 的标签加入到以太网帧的源 MAC 和类型域之间，长度为 4 byte。

① TPID：802.1Q 标签的指示域，标准值是 0x8100，表明传送的是 802.1Q 标签。

② PRI：用户优先级，用于指示以太网帧的转发优先级。如果交换机开启了 QoS（Quality of Service，服务质量）功能，默认情况下优先级值越大越优先被转发。

③ CFI：规范格式指示器，总是置为“0”。

④ VID：VLAN ID，VLAN 标签值。12 bit 意味着总共的标签值有 4 096 个。然而，VLAN0 和 VLAN4095 是保留的，所以可使用的 VLAN 标签值范围为 1～4 094。

1.3.2.4　交换机接口 VLAN 模式

普通的以太网帧没有 VLAN 标签，叫作 Untagged 帧；如果加了 VLAN 标签，则称为 Tagged 帧。并不是所有设备都可以识别 Tagged 帧，不能识别 Tagged 帧的设备包括普通 PC 的网卡、打印机、扫描仪、路由器接口等，而可以识别 VLAN 的设备则有交换机、路由器的子接口、某些特殊网卡等。

当交换机接口连接那些不能识别 VLAN 标签的设备时，交换机必须把标签移除，变成 Untagged 帧再发出。同样的，此接口接收到的一般也是 Untagged 帧。这样的接口，被称为 Access 模式接口，对应的链路叫 Access 链路。

当跨交换机的多个 VLAN 需要相互通信时，交换机发往对端交换机的帧就必须要打上 VLAN 标签，以便对端能够识别数据帧发往哪个 VLAN。用于发送和接收 Tagged 帧的接口称为 Trunk 模式接口，对应的链路为 Trunk 链路。

图 1-47 展示了多 VLAN 跨交换机通信时，经过 VLAN 标签的处理过程。

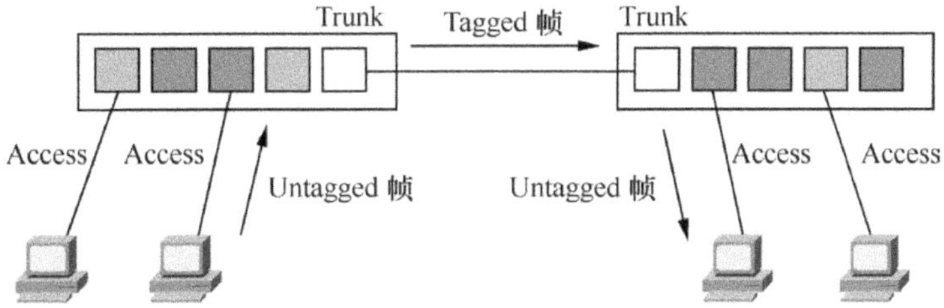

图 1-47　Access 和 Trunk 模式

在大型局域网中，接入交换机以 Access 接口接入主机、服务器，在上行接口以 Trunk 接口把数据传送到汇聚交换机。汇聚交换机再次将这些带 VLAN 的数据向上传送到路由器，路由器作为各 VLAN 内用户的网关，使 VLAN 之间能相互通信。VLAN 的典型应用如图 1-48 所示。

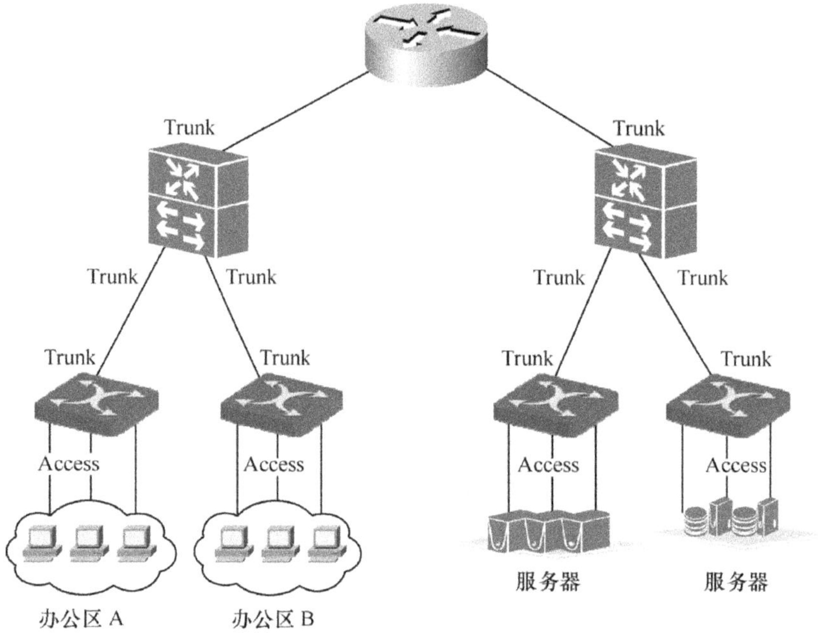

图 1-48 VLAN 的典型应用

1.4 常见的网络设备及线缆

1.4.1 交换机

交换机工作在数据链路层，一般所说的交换机指的都是以太网交换机，它被广泛应用于局域网中，将用户设备接入到网络中，实现小范围网络内的互联互通。

交换机能读取以太网帧头部中的 MAC 地址信息，并记录到自身的 MAC 地址表中，依此进行数据交换。把仅能识别 MAC 地址的交换机叫作二层交换机。

交换机的工作流程在 1.3 节中已有介绍，此处不再重复。

交换机的优点如下。

（1）根据 MAC 地址进行有针对性的转发，避免了其他主机接收无关数据，这样既降低了被监听的风险，也减少了其他主机的资源占用（收到的任何数据在进行处理时都会占用主机资源）。

（2）交换机的传送效率非常高。交换机所有端口可以在同一时刻收发数据，通信通道由交换总线来提供带宽。如果交换机有 N 个端口，每个端口的带宽是 M，若总线带宽超过 $N\times M$，那么这 N 个端口可以同时独立拥有 M 的带宽来收发数据，称之为线速交换，如图 1-49 所示。

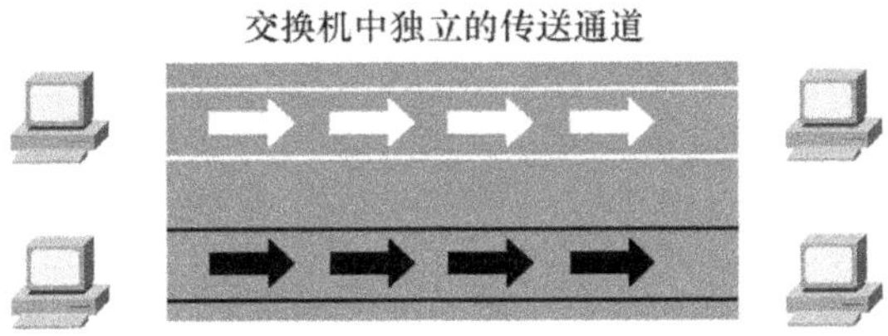

图 1-49　交换机线速交换

1.4.2　路由器

路由器工作在 OSI 模型的第三层——网络层，它能够识别 IP 包头中的信息，根据目的 IP 地址，查询自身的路由表，决定数据包如何进行转发。此外，它还负责路由表的建立与维护，寻找到达目的网络的最佳路径。

路由器是用于连接不同 IP 网络的设备，往往放置在网络交界处实现互联。

下面举个例子简单了解一下路由器的路由表和转发流程，如图 1-50 所示。网络中 1.0、2.0、3.0 代表网络，1.1、1.2……代表主机的 IP 地址，1、2 代表路由器接口。

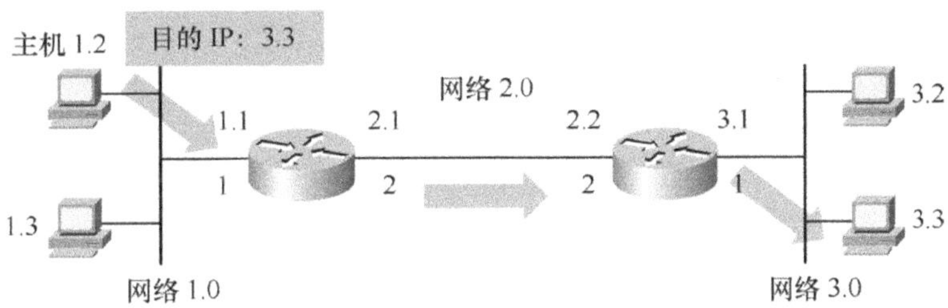

网络	出接口
1.0	1
2.0	2
3.0	2

网络	出接口
1.0	2
2.0	2
3.0	1

图 1-50　路由器转发流程

路由表是路由器转发 IP 包的凭据。如果路由器接收到 IP 包，就会去查找有没有去往目的 IP 所属网络的路由，有则转发，无则丢弃此包。

一条路由一般是针对某个网络而不是某个 IP，这样可以减少路由条目的数量。尽管如此，Internet 核心路由器的路由数量仍是以百万计，可见当今 Internet 的规模之庞大。

下面有两个小问题。

（1）图 1-50 右边的路由器，如果只知道 3.0 的网络对应接口 1，它怎么能准确地找到 3.3 这台主机呢？

（2）你能说出交换机和路由器的区别吗？

1.4.3　路由交换机

路由交换机也叫三层交换机，是具有路由能力的交换机，既能像路由器一样根据路由表转发数据包，也能像二层交换机一样根据 MAC 地址表来实现网络内的数据交换。但它并不是路由器和交换机的简单叠加。

路由交换机的最主要功能就是完成大型网络内部的数据快速转发，为它加上路由能力也是为此目的服务的。

路由器与路由交换机的对比如表 1-6 所示。

表 1-6 路由器与路由交换机对比

	路由器	路由交换机
网络位置	网络出口、核心层	网络汇聚层
主要功能	路由转发 访问控制 VPN 流量策略	快速转发
接口数量	少	多
报文处理方式	CPU+NP	CPU+ASIC
价格	高	较低

路由器交换机的优势在于转发速度和接口数量，这使它特别适合用于网络的汇聚层，以实现大量接入设备的汇聚和大流量的网内数据交换。由于网络内部 IP 往往比较固定，使得互访时主要使用 ASIC 硬件交换，速度非常快。但是交换机本身路由能力较弱，这与它的设计初衷和造价有关，在大量路由计算的情况下会力有未逮。

而路由器的优势在于强大的路由能力和丰富的业务功能。它适合放在网络出口与其他网络互联，承担路由计算、网络保护、流量规划等任务。由于去往外部网络的 IP 地址千变万化，需要大量的路由查询和计算，因此路由器强大的处理能力得以彰显。

在实际网络规划时，用户可以参考以上的分析，在充分考虑流量特点和网络投资的情况下进行灵活布局。

1.4.4 PTN 设备

PTN（Packet Transport Network，分组传送网）是一种以分组作为传送单位，承载电信级以太网业务为主，兼容 TDM、ATM 等业务的综合传送技术。分组是网络中传送的数据块，可先简单理解为网络层数据包。

PTN 设备目前主要应用于各运营商无线承载网当中，取代了传统的路由器、交换机、MSTP 技术，可有效降低建网成本和运维成本。

PTN 的优势如下。

（1）继承了 MSTP（Multi-Service Transfer Platform，基于 SDH 的多业务传送平台）的优势，提供完善的管理维护和网络保护手段。

（2）融合了路由器的传送特性，统计复用，可提高带宽利用率，且支持各种带宽的灵活分配。服务质量保障分级别，手段丰富。

PTN 的核心技术是 MPLS-TP（Multi-Protocol Label Switch Transport Profile，多协议标签交换传送应用），通过标签交换技术形成管道来传送分组。本书暂不讨论此技术，仅保留 PTN 在路由、交换方面的功能。

1.4.5　RJ45 接口与双绞线

1.4.5.1　RJ45 接口

RJ45 是以太网接口，应用非常广泛。电脑上的网卡接口就是一个 RJ45 接口。此外，它在交换机、路由器等各种网络设备上也都很常见。

RJ45 收发的是电信号，通过双绞线电缆（网线）进行传输，双绞线必须压制在 RJ45 插头（常说的水晶头）中连接到 RJ45 接口上。设备上的 RJ45 接口见图 1-51。

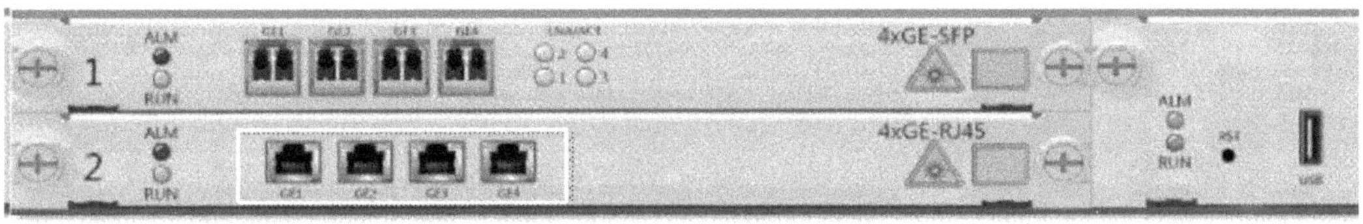

图 1-51　路由器上的 RJ45 接口

1.4.5.2　RJ45 插头

RJ45 型网线插头共有 8 个引脚，对应网线中的 8 条芯线，如图 1-52 所示。

RJ45 型网线插头引脚号的识别方法是：手拿插头，有 8 个小镀金片的一端向上，有网线装入的矩形大口的一端向下，同时将没有细长塑料卡销的那个面对着你的眼睛，从左边第一个小镀金片开始依次是第 1 脚，第 2 脚……第 8 脚。

1.4.5.3　双绞线

双绞线（Twisted Pair）是由两条相互绝缘的导线按照一定的规格互相缠绕（一般以逆时针缠绕）在一起而制成，属于信息通信网络传输介质，如图 1-53 所示。

一个或多个双绞线对放在一个电缆套管里，叫作双绞线电缆，以太网线就是一种双绞线电缆。在不严格区分的情况下，生活中常将网线称为双绞线，它的最大传输距离是 100 m，适合短距离的设备互连。

EIA 为双绞线划分了多个类别，常用的网线有五类线、超五类线、六类线，传输速率可达 1000 Mbit/s。

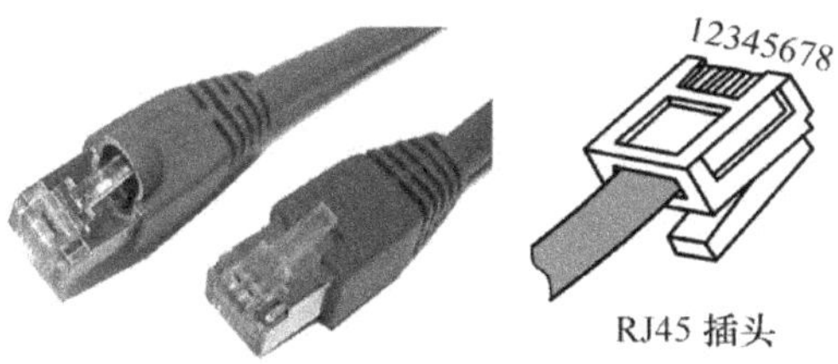

图 1-52　RJ45 插头

图 1-53　双绞线

与 RJ45 网线插头的 8 个引脚相对应，网线中也有 8 条芯线，颜色分别是橙白、橙、绿白、绿、蓝白、蓝、棕白、棕，两个相近颜色为 1 对，缠绕在一起，插入水晶头前要反向缠绕开。

在将网线压制到 RJ45 接头中时，要考虑两端 8 条线的线序。国际上常用线序标准有 EIA/TIA 568A 和 EIA/TIA 568B 两种。

（1）T568B 标准：按水晶头 1～8 个管脚，网线中导线的顺序为：橙白、橙、绿白、蓝、蓝白、绿、棕白、棕。

（2）T568A 标准：在 T568B 的基础上，把 1←→3，2←→6 的顺序相互换一下即可，即绿白、绿、橙白、蓝、蓝白、橙、棕白、棕。

网线的两端采用相同的线序标准，称为直通线或平行线；如果两端标准不同，称为交叉线。早期网络设备互联规定了使用直通线和交叉线的场合。随着技术进步，目前大多数网络设备接口具有自适应功能，能自动适配这两种线序。

1.4.6 光纤

光纤为光导纤维的简称，由直径大约为 0.1 mm 的细玻璃丝构成，如图 1-54 所示。它透明、纤细，虽比头发丝还细，却具有把光封闭在其中并沿轴向进行传播的导波结构。光纤通信就是因为光纤的这种神奇结构而发展起来的以光波为载频、光导纤维为传输介质的一种通信方式。

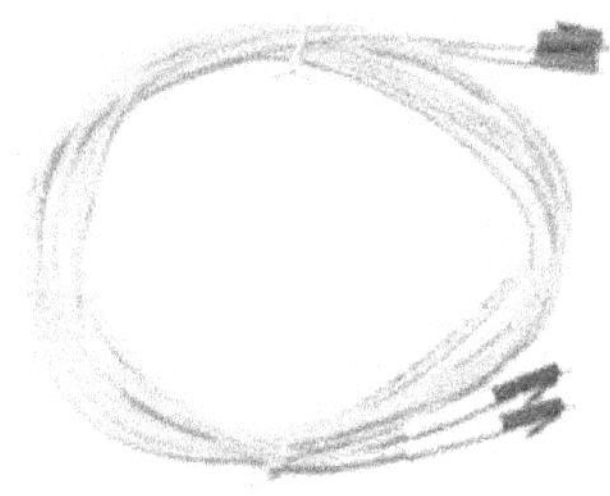

图 1-54 光纤

按照光纤的传输模式，可以分为单模光纤和多模光纤，所谓“模”就是指以一定的角度进入光纤的一束光线。

（1）单模光纤：单模光纤的外皮为黄色，使用的光波长为 1310 nm 或 1550 nm。

单模光纤只允许一束光线穿过光纤，因为只有一种模态，所以不会发生模色散。单模光纤传递数据的质量更高，传输距离能达到几十甚至上百公里，通常用于远距离的设备互联。

（2）多模光纤：多模光纤的外皮为橘色，它允许多束光线穿过光纤，因而称为多模。因为不同光线进入光纤的角度不同，所以到达光纤末端的时间也不同。这就是通常所说的模色散。色散从一定程度上限制了多模光纤所能实现的带宽和传输距离。正是基于这种原因，多模光纤一般被用于距离相对较近的设备连接。

概括地说，光纤通信有以下优点。

（1）传输频带宽，通信容量大。如果采用波分复用技术，一根光纤就能提供超过千 Gbit/s 级的带宽。

（2）损耗低，且不受电磁干扰。

（3）线径细，重量轻。

（4）制造成本不高，材质易获取。

正是由于光纤的以上优点，使得光通信的发展速度迅猛无比。不但是大型网络设备互联的首选，也随着运营“光纤入户”的业务普及而逐步进入千家万户，

但是，光纤本身也有缺点，如容易折断、机械强度低就是它的致命弱点。因此，在室外铺设时，需要给光纤外加护套，称为光缆，光缆内的光纤叫缆芯。光缆内可包含很多缆芯，如 24 芯、144 芯等。

1.4.7 光纤接头和光模块

光纤通过连接头连接到光模块上，光模块安装在设备中。设备上的光模块如图 1-56 所示。

光模块（Transceiver Module）由光电子器件、功能电路和光接口等组成，光电子器

件包括发射和接收两部分，如图 1-55 所示。简单的说，光模块的作用就是光电转换，发送端把电信号转换成光信号，通过光纤传送后，接收端再把光信号转换成电信号。常见光模块有 GBIC、SFP（Small Form-Factor Pluggables）、SFP+、QSFP、CFP、XFP 等。

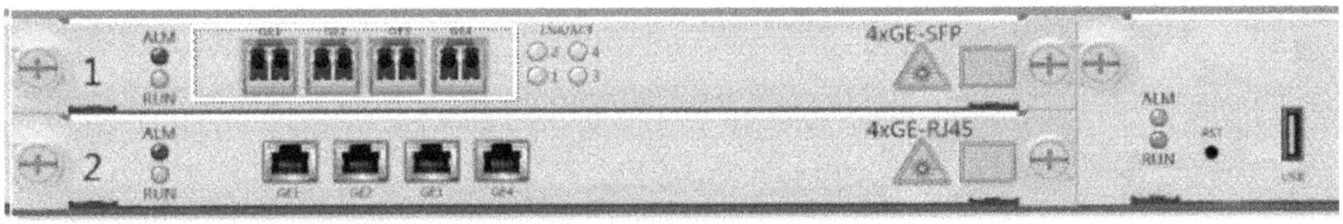

图 1-55　路由器上的光模块

光纤连接头，类似于水晶头的作用，把光纤接入光模块的接头。对于不同的光模块，连接头也不尽相同。

SFP 光模块和 LC 接头：SFP 体积小，是适合密集安装的光模块，也是目前最流行的模块类型。LC 接头是与 SFP 光模块接口对应的光纤接头。SFP 和 LC 如图 1-56 所示。

FC（Ferrule Connector，金属套连接器）接头：FC 的光纤头外部采用金属套进行加强保护，紧固方式为螺钉扣，需要旋紧。而 SC、LC 接头采用的是推入卡紧的方式。

FC 接头通常用在 ODF（光配线架）上（如图 1-57 所示），通过光配线架中的耦合器连接到另一个 FC 接头，光配线架起到光纤调度的作用。

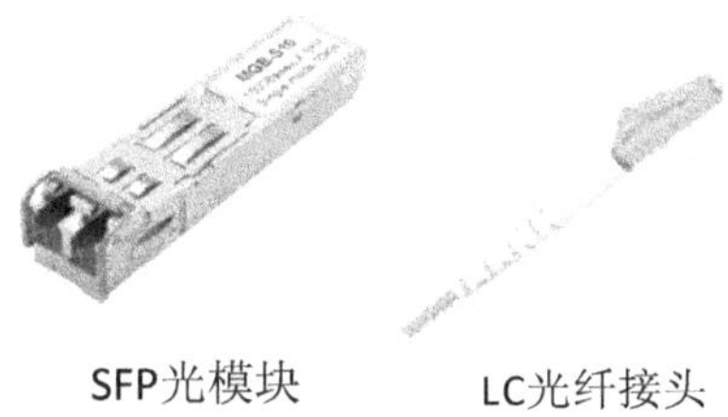

图 1-56　SFP 和 LC

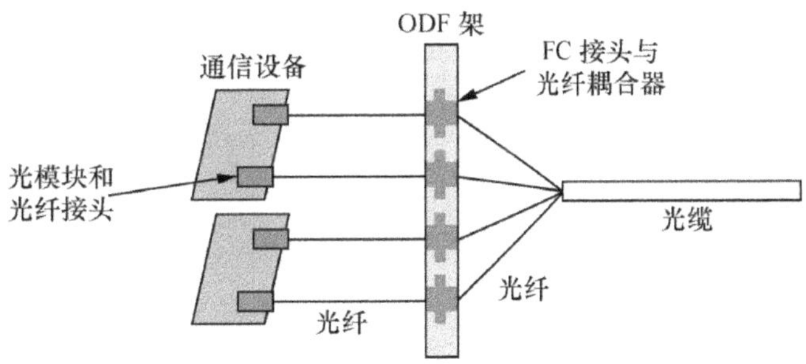

图 1-57　ODF 架与 FC 接头

1.5　路由基础

1.5.1　路由基本概念

1.5.1.1　路由

路由是指通过相互连接的网络把信息从源地点移动到目标地点的活动，如图 1-58 所示。一般来说，在路由过程中，信息至少会经过一个或多个中间节点。在 IP 网络中，这些信息封装成 IP 包的形式，中间节点主要是路由器。

在互联网高速发展的今天，网络计算机数以亿计，要想让这些计算机记忆到达彼此的路径信息是不可能的。所以计算机被划分为一个个网络，由路由器加以连接。路由器承担起网络之间路径寻找的重任，负责在源和目的计算机中间搭建起通信通道。

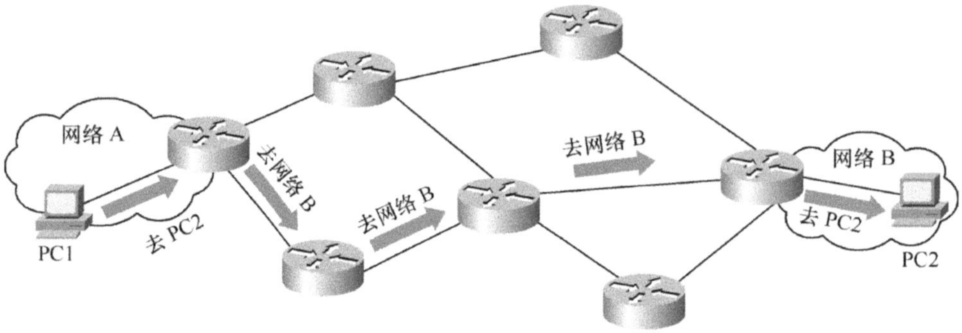

图 1-58　路由

1.5.1.2　路由器

路由器是用于连接不同网络的专用计算机设备，在不同网络间转发数据单元，是互联网络的枢纽、“交通警察”。这样来打个比喻：如果把 Internet 的传输线路看作一条信息公路的话，组成 Internet 的各个网络相当于分布于公路上的各个信息城市，它们之间传输的信息（数据）相当于公路上的车辆，而路由器就是进出这些城市的大门和公路上的驿站，它负责在公路上为车辆指引道路和在城市边缘安排车辆进出，如图 1-59 所示。

因此，作为不同网络之间互相连接的枢纽，路由器系统构成了基于 TCP/IP 的 Internet 的主体脉络，相当于 Internet 的骨架。在局域网、城域网，乃至整个 Internet 研究领域中，路由器技术始终处于核心地位，其发展历程和方向成为整个 Internet 研究的一个缩影。由于未来的宽带 IP 网络仍然使用 IP 协议来进行路由，路由器将继续在 Internet 中扮演重要角色。

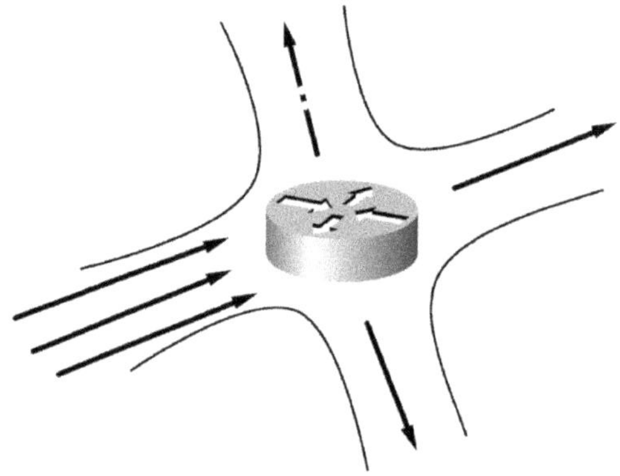

图 1-59　路由器

为了实现不同网络互联，路由器需要具备以下条件。

（1）路由器的各接口需要配置 IP 地址，连接到不同 IP 网络上。

（2）物理接口能处理不同类型的数据链路层协议，也就是说，可以屏蔽二层协议的差异性，完成 IP 层面上的统一和互通。

（3）路由功能（寻径功能）包括路由表的建立、维护和查找。

（4）转发功能包括接收接口的数据帧解封装、接口之间的数据包交换、发送接口的数据帧封装。

路由和转发是路由器的核心功能。

1.5.1.3　可路由协议和路由协议

可路由协议（Routed Protocol），是指可以通过路由表来确定去向和路径的协议，它提供了足够的信息使数据包能够从一个网络设备传递到另一个网络设备，这其中也包括给网络设备分配的网络号和主机号（比如 IP 地址）。其中最常见的是 TCP/IP 中的 IP。

可路由协议受路由协议服务，实现在网络层设备之间的通信。

路由协议（Routing Protocol），是指为可路由协议提供路由选择服务的协议，它的服务对象是可路由协议，路由器节点通过路由协议实现路由表的自动维护。常见的路由协议有：OSPF、BGP、IS-IS、RIP、IGRP 等。

可路由和路由协议的功能如图 1-60 所示，两者的功能和协议差别如表 1-7 所示。

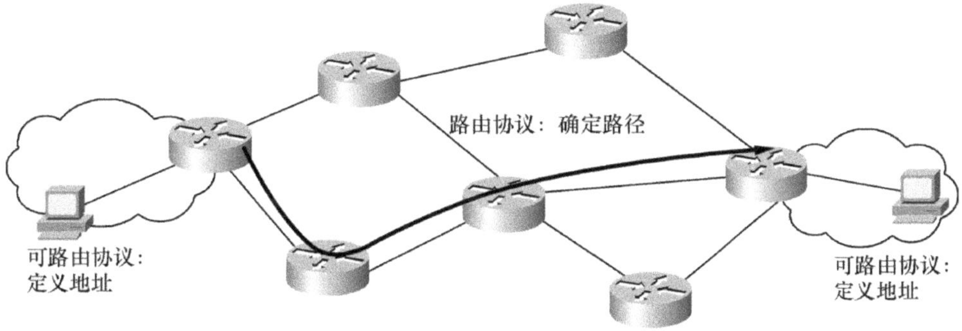

图 1-60　可路由和路由协议功能

表 1-7　可路由协议和路由协议

	功　能	协　议
可路由协议	定义包括网络层地址在内各种的传输信息	IP、IPX、AppleTalk、Novell Net Ware
路由协议	路径选择	OSPF、BGP、IS-IS、RIP、IGRP、EIGRP

1.5.1.4　路由表

如果把传输线路看作公路，信息包比作车辆，路由器是信息公路的十字路口，那么路由表就是十字路口的路标牌。经过十字路口的车辆根据路标牌来找到去往目的地的方向。

路由表存储在路由器的 RAM（随机存储器）中，其中包含多条路由，每一条路由对应一个目的网络。路由表中的路由项并不是固定不变的，随着网络的变化，这些路由表项也可能会随之发生变化。当路由器系统断电时，路由表中的路由全部丢失，重启后会根据系统配置重新建立。

图 1-61 是路由表中的一条路由。

目的地址	子网掩码	下一跳	出接口	来源	优先级	度量值
172.16.8.0	255.255.255.0	10.1.1.1	gei-1/1	static	1	0

图 1-61　路由表

（1）目的地址：一般情况下这是一个网络地址，特殊时也可以是主机地址。

（2）子网掩码：目的地址的子网掩码，决定了目的网络的范围。

（3）下一跳：去往目的地址的下一设备与本设备对接接口的 IP 地址，如图 1-62 所示。

（4）出接口：本路由器去往目的网络的出接口，如图 1-63 所示。

（5）来源：路由的来源，即此条路由是通过哪种形式获取到的。Static 表示静态路由，是手动配置的。此外还有动态路由，后面会介绍。

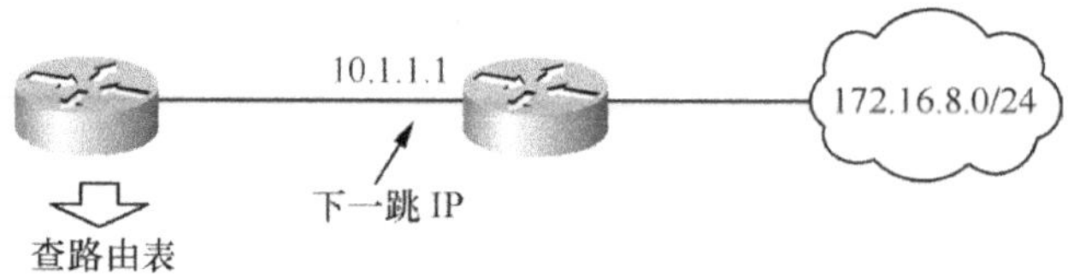

图 1-62　下一跳

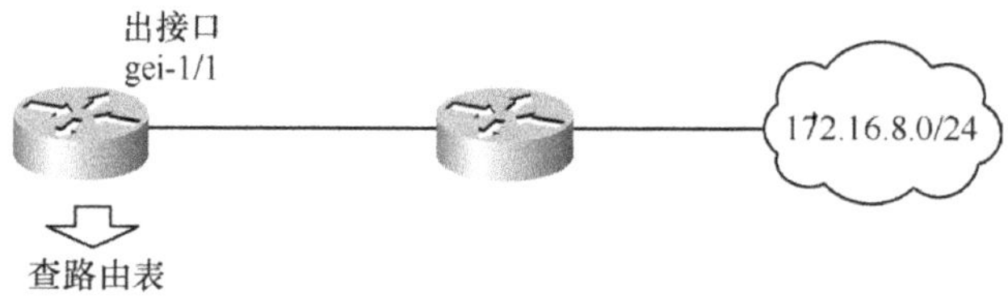

图 1-63　出接口

（6）优先级：有的书上叫管理距离。这个值与 Owner 中路由的类型相对应，不同方式获取的路由，优先级不同。优先级用于比较目的网络（包括子网掩码）相同但路由来源不同的路由，优先级值最小的被加入路由表中，值大的留做备用，如图 1-64 所示。

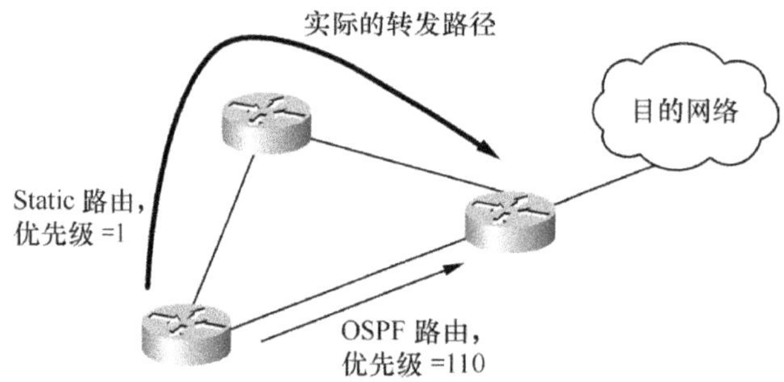

图 1-64　优先级

（7）度量值：表示此条路由到达目的网络的代价，有的路由协议中叫开销。不同类型的路由计算度量值的方式不一样，没有可比性。

当某类型的路由计算出去往同一目的网络的不同路径时，比较度量值，值越小，表示路径开销越小，越能优先被采用，如图 1-65 所示。

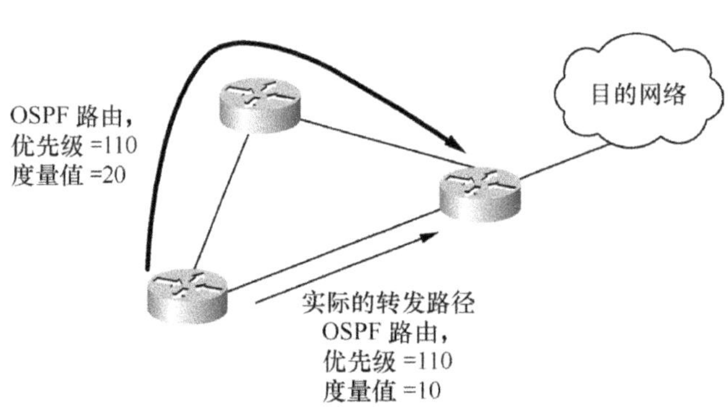

图 1-65　度量值

路由表是路由器决定如何转发数据包的凭据。路由器在转发任何一个 IP 包之前，都会在路由表中查找是否有与此包目的 IP 相匹配的路由条目。如果有则根据匹配的条目来转发，如果没有则丢弃这个 IP 包。

那如何来判断哪条路由是匹配这个目的 IP 的呢？其实就是用路由条目中的子网掩码和 IP 包中的目的 IP 地址相与，得出一个网络地址，这个网络地址如果与路由条目中网络地址一致，则匹配。路由匹配流程如图 1-66 所示。

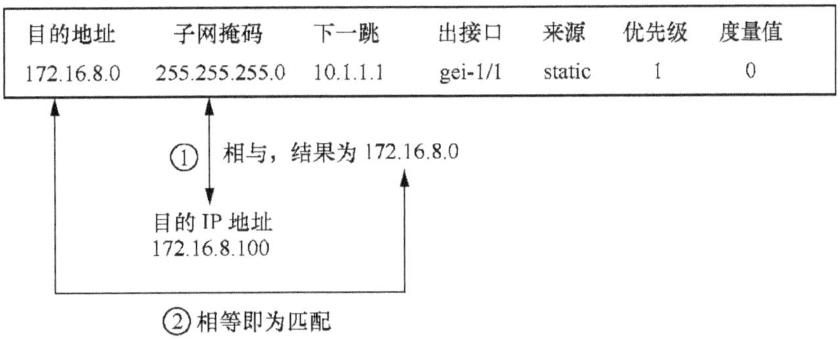

图 1-66　路由匹配流程

1.5.2　路由的分类

1.5.1 节中讲解了路由表的结构，也许大家已经有了一些疑问。路由表最初是如何建立起来的呢？建立起路由表后又如何进行维护呢？路由器不是即插即用设备，路由信息必须通过配置才会产生，并且路由信息必须要根据网络拓扑结构的变化做相应的调整与维护。这些都如何来实现呢？这就是接下来要为大家介绍的内容。

根据生成的方式和特点，路由可以分为 3 种类型：① 直连路由；② 静态路由；③ 动态路由。

1.5.2.1　直连路由

直连路由指与路由器直接相连的 IP 网络所形成的路由。如果存在直连路由，就认为这个直连的网络是可达的。

直连路由形成的条件有以下两个。

（1）在路由器接口上配置了正确的 IP 地址和子网掩码；

（2）路由器接口必须处于“up”状态，也就是路由器接口线缆连接正确，且没有被人为关闭。

直连路由的特点是自动发现、开销小，但是它只能对应那些与本路由器直接相连的网络。

图 1-67 展示了一条直连路由。在接口配置好 IP 地址和掩码，且接口线缆连接正常时，路由器根据接口的 IP 配置计算出对应的网络地址，作为直连路由加入路由表中。

在这个例子中，直连路由保证 10.1.1.0/30 是可达的，当路由器要把包发往 10.1.1.2 的时候，可以匹配到这条路由转发出去。

第二条路由的 Owner 是“address”，意思是这个地址是设备自身的接口地址。当有 IP 包以这个地址为目的地址时，比如收到其他设备 Ping 10.1.1.1 的包，路由器自己处理这个包，而不是转发出去。

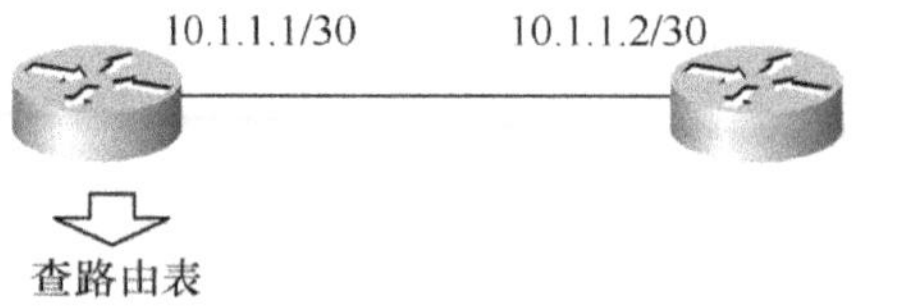

目的地址	子网掩码	下一跳	出接口	来源	优先级	度量值
10.1.1.0	255.255.255.255	10.1.1.1	gei-1/1	direct	0	0
10.1.1.1	255.255.255.255	10.1.1.1	gei-1/1	address	0	0

图 1-67　直连路由

1.5.2.2　静态路由

直连路由本身是由设备根据接口 IP 的配置自动发现的，但只能管理那些直连的网络。如果有数据包要去往非直连的网络，则需要我们去配置路由。

静态路由是手动配置在路由器上的路由，可以指向任意的目标网络。

图 1-68 为路由表中的一条静态路由。

目的地址	子网掩码	下一跳	出接口	来源	优先级	度量值
172.16.8.0	255.255.255.0	10.1.1.1	gei-1/1	static	1	0

图 1-68　静态路由

静态路由拓扑图如图 1-69 所示，静态路由的配置如图 1-70 所示。在 R1 上，如果要与 10.1.10.0/24 这个网络通信，可以用静态路由来实现。

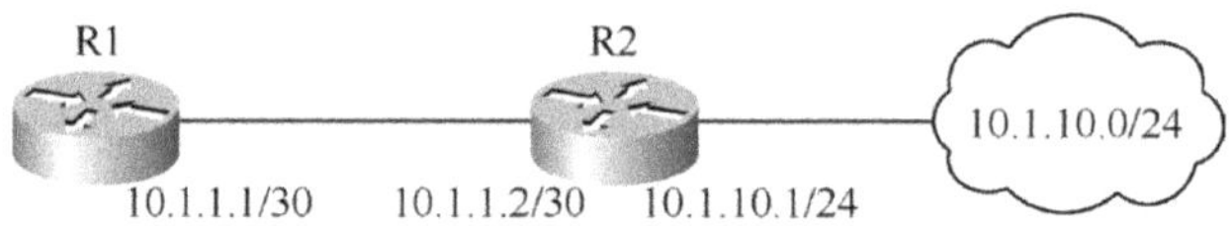

图 1-69　静态路由配置拓扑图

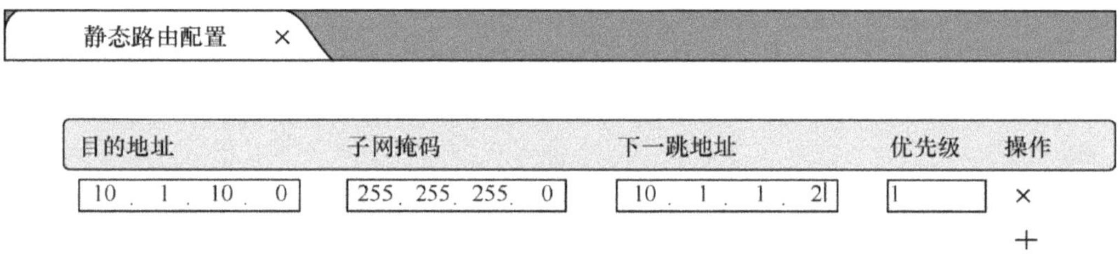

图 1-70　静态路由配置

下一跳 IP 地址必须在直连路由范围内是可达的，而且必须是对端设备的 IP 地址。如果下一跳 IP 地址不可达，配置的静态路由不会出现在路由表中。

比如图 1-69 中的例子，下一跳 10.1.1.2 属于 R1 中 10.1.1.0/30 这条直连路由的范围内，如果把下一跳设置成 10.1.10.1 就不行。

静态路由的优势：不占用网络和系统资源；不受网络攻击的影响，安全性高。

静态路由的缺点是：静态路由只能检测到出接口直连的链路故障，非直连网络故障发生后，静态路由不能自动对网络状态变化做出相应的调整，需网络管理员手工修改。

因为静态路由存在的缺点，我们也许会这样考虑："我们应该避免使用静态路由。"然而，对于一个网络来说，静态路由在很多地方都是必要的。仔细地设置和使用静态路由可以改进网络的性能，为重要的应用保存带宽。实际上，在一个无冗余连接网络中，静态路由可能是最佳选择。

推荐在以下两种情况下，可以考虑使用静态路由。

（1）在网络拓扑结构稳定、简单，需要互通的网段数量不多时，比如只有一条通路互联的网络，如图 1-71 所示。

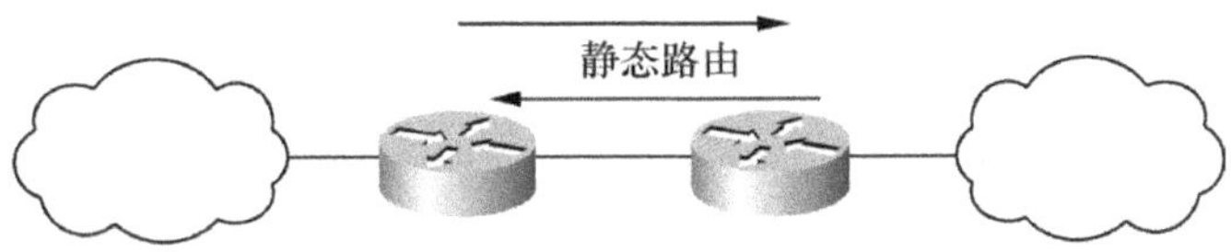

图 1-71　静态路由应用场合

（2）在大型网络中，作为动态路由的补充，采用静态路由可灵活调整流量转发路径，合理规划带宽。

1.5.2.3　动态路由

动态路由指路由器在配置了动态路由协议之后，通过路由信息的交换，经过计算，自动生成的路由。

1. 动态路由的优势

（1）路由的学习与生成是自动的，不需要人为参与，极大减少了设备配置的工作量。

（2）路由协议能发现到达目的网络的多条路径，并按照自身度量值的计算方式选择其中最优的路径作为主路径，其他路径作为备份，如图 1-72 所示。当网络存在冗余连接的时候，使用动态路由能增加网络的可靠性。

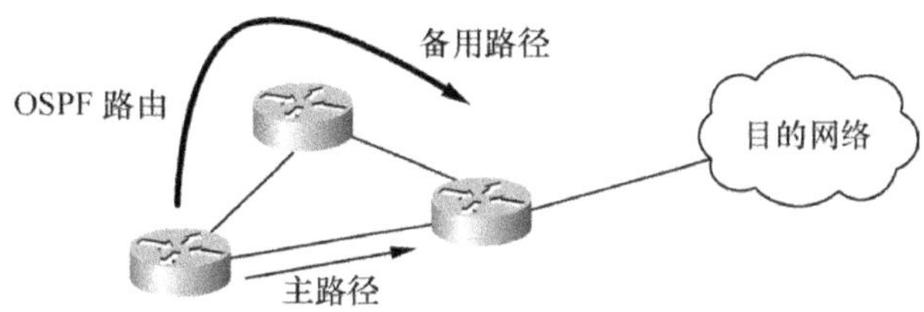

图 1-72　动态路由主备路径

（3）当网络出现故障后，动态路由协议能检测出故障并及时调整转发路径，保证通信通畅，如图 1-73 所示。

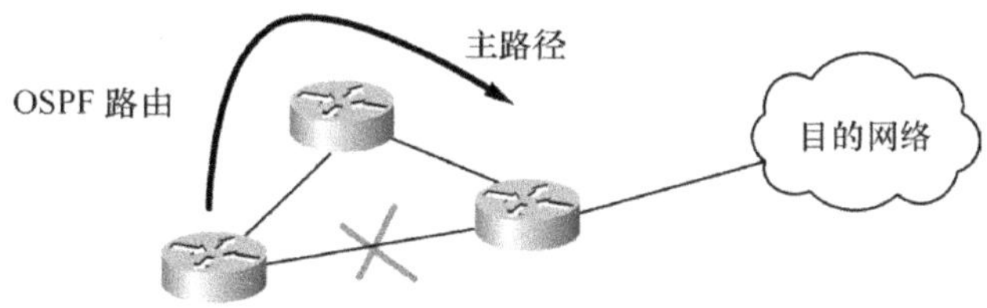

图 1-73　动态路由路径切换

2. 动态路由的缺点

（1）运行动态路由协议，需要占用系统和带宽资源，如果网络规模很大，对系统资源的占用量也会很大；

（2）安全性存在一定问题。部分动态路由协议是基于 TCP/IP 的，当遭遇网络攻击时，也会影响到协议的稳定性。

3. 动态路由的工作流程

动态路由的工作流程如图 1-74 所示。

图 1-74　动态路由的工作流程

（1）建立邻居关系

路由器通过收发路由协议的握手报文，协商建立邻居的参数，如图 1-75 所示。这是双方身份认证的阶段，如果协商成功，则建立邻居关系，意味着彼此有资格相互交换路由的信息。

（2）交换路由信息

在形成邻居之后，路由器可以将自己已知的路由信息通告给自己的邻居，如图 1-76 所示。

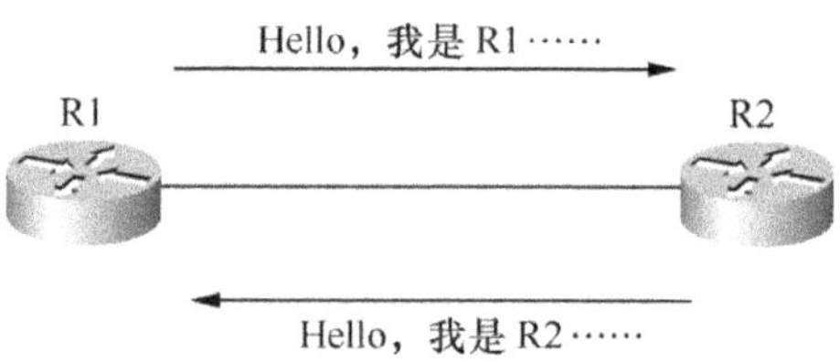

图 1-75　动态路由协议建立邻居关系

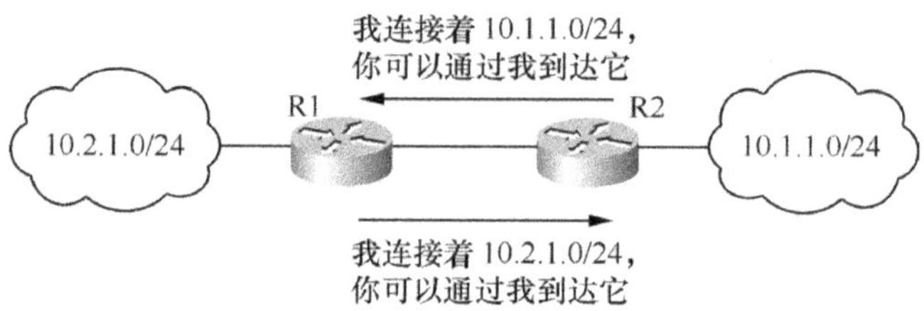

图 1-76　动态路由协议交换路由信息

（3）计算路由

如图 1-77 所示，收到邻居的路由信息后，路由器根据路由协议的算法进行计算，找出到达目的网络的路径。

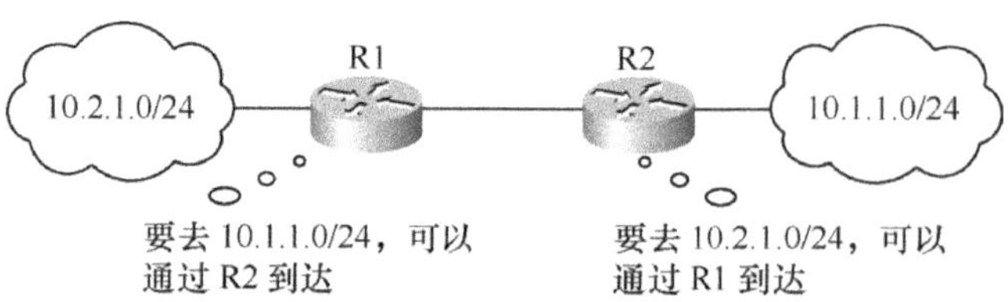

图 1-77　动态路由协议计算路由

（4）生成路由

在计算出的路径中，选择最优的路径，生成路由。

4. 动态路由的类型

动态路由协议分类型如表 1-8 所示

表 1-8　动态路由协议分类表

分类方式	类型	路由协议
地址类型	单播	RIP、OSPF、BGP、IS-IS、IGRP、EIGRP
	组播	PIM、MOSPF、MSDP
掩码支持	有类	RIPV1、IGRP、EGP
	无类	RIPV2、OSPF、EIGRP、BGP、IS-IS
算法	距离矢量	RIP、BGP、IGRP、EIGRP
	链路状态	OSPF、IS-IS
部署范围	内部网关	RIP、OSPF、EIGRP、IS-IS
	外部网关	EGP、BGP

（1）按路由支持的地址类型，分为单播与组播路由协议。

单播路由协议：针对单播 IP 地址进行路由的协议，本书中只讨论单播路由。

组播路由协议：针对 D 类组播地址进行路由的协议。

（2）按掩码的支持性，分为有类和无类路由协议。

有类路由协议：传递的路由信息不带子网掩码。

无类路由协议：传递路由信息时，可以在每个网络段中使用不相同的子网掩码，子网掩码与网络地址一同传递。

有类路由协议不支持不连续的子网，不支持可变长子网掩码，很不灵活，因此已经淡出历史舞台。现在主要使用无类路由协议。

（3）按路由的计算方式，可分为距离矢量型和链路状态型。

距离矢量路由协议：使用该协议的路由器通告自己的路由表来更新其他路由的路由表，使用的是 D-V（Distance-Vector）算法。简单地说，这类路由协议直接告诉邻居去哪儿、怎么走，对于接收者来说路由的计算量比较小，生成路由速度快，系统资源的占用量也比较小。其中的 BGP，特别适合大型网络。距离矢量协议的工作流程如图 1-78 所示。

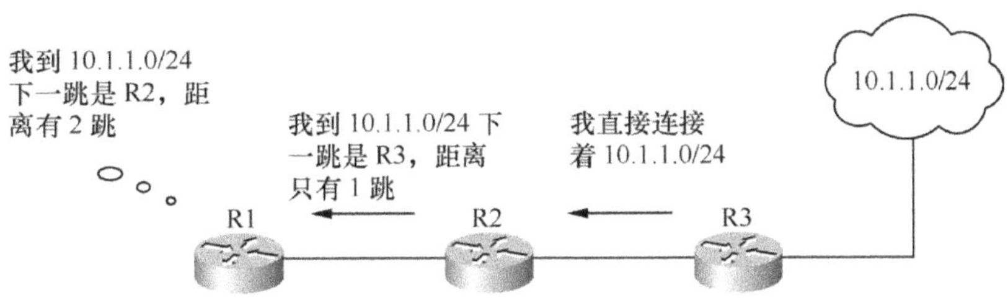

图 1-78　距离矢量协议的工作过程

链路矢量路由协议：使用该协议时不直接通告路由表中的路由，而是将链路信息（包含链路上的 IP 子网信息）通告给网络中所有路由器，每个路由器根据链路信息绘制网络的拓扑图，再根据这个图来计算出路由。简单地说，就是大家把地图拼出来，自己看地图找目的地。这类协议对系统资源的占用量比较大，一般用于中小规模网络中，或是在结构复杂的大型网络里负责部分设备间的路由。链路状态协议的工作过程，如图 1-79 所示。

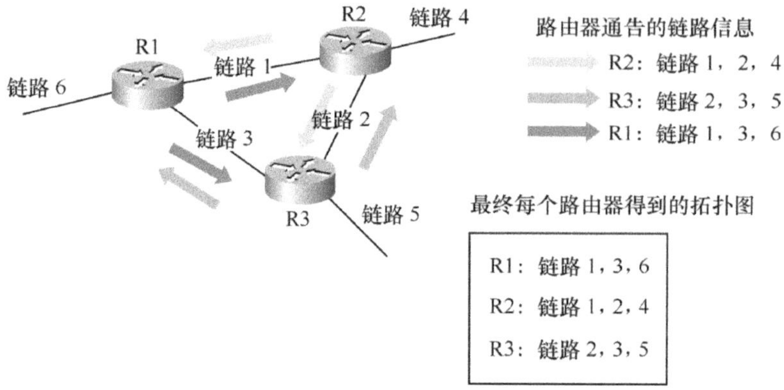

图 1-79　链路状态协议的工作过程

（4）按路由的部署范围，分为 IGP（Interior Gateway Protocol，内部网关协议）和 EGP（Exterior Gateway Protocol，外部网关协议）

所谓“内”和“外”，主要指 AS（Autonomous System，自治系统）的内和外。自治系统是由某个组织管理的一组运行了相同策略的路由器的集合，它有一个编号。比如某城市电信城域网，就是一个自治系统。

IGP 是运行于 AS 内的路由协议，对应的网络规模相对小一些，比较常用的是 OSPF、IS-IS。

EGP 是运行在 AS 间的路由协议，对应的网络规模通常都很大。目前 Internet 被分成很多个 AS，其间运行的是 BGP 协议。

1.5.2.4　默认路由

默认路由是一种特殊的路由，它用来转发那些在路由表中没有明确指明应该如何转发的 IP 包。PC 上配置的网关，事实上就是默认路由。

默认路由对于任何网络都是极为重要的，合理地配置默认路由，能大大减少路由表中路由的数量，从而降低系统资源的开销。它特别适合用在那些只有一个出口的网络当中，比如我们的局域网连接到电信运营商的网络，一般就只有一个出口，如图 1-80 所示。

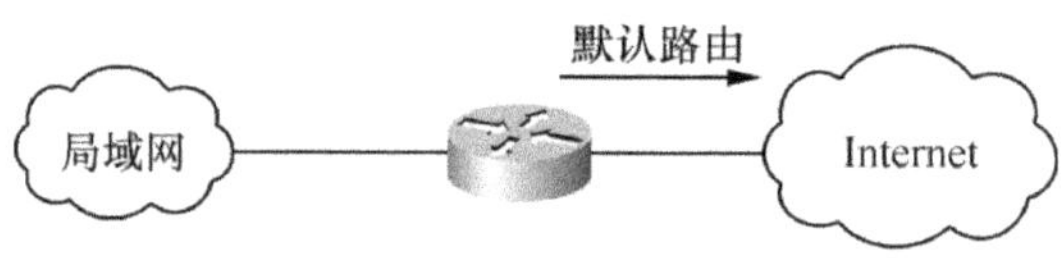

图 1-80　默认路由

默认路由既可以手工配置成静态路由，也可以由动态路由协议动态生成，具体采用哪一种要根据网络的状况来决定。下面来看看静态的默认路由，如图 1-81 所示。子网掩码 0.0.0.0，意味着与任何 IP 地址相与，结果都是 0.0.0.0，正好跟前面配置的网络地址 0.0.0.0 相匹配。

目的地址	子网掩码	下一跳	出接口	来源	优先级	度量值
0.0.0.0	0.0.0.0	10.1.1.1	gei-1/1	static	1	0

图 1-81　路由表中的默认路由

1.5.3　路由优先级

1.5.3.1　优先级比较原则

之前已经简单介绍过优先级，优先级的值越小，优先程度越高。但务必要注意，只有完全相同的目的地，不同协议的路由，优先级才有比较性，其比较原则如图 1-82 所示。各种路由有一个默认的优先级值（见表 1-9），这个值根据需要可以进行修改。

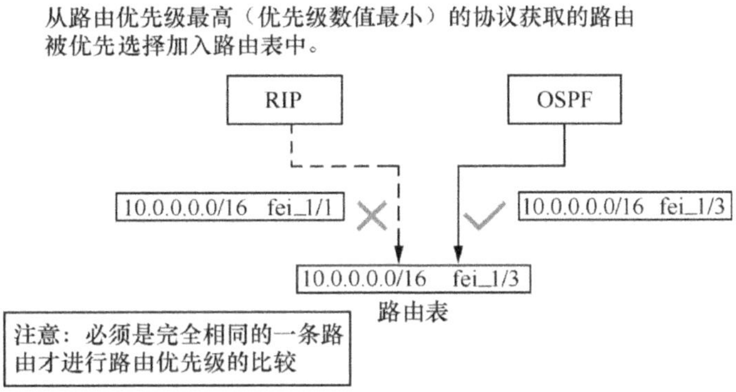

图 1-82　优先级比较原则

表 1-9　各种路由的优先级

路由类型	直连	静态	EBGP	OSPF	IS-IS	RIP	IBGP
优先级	0	1	20	110	115	120	200

1.5.3.2　浮动静态路由

在静态路由的网络中，通过对路由优先级的修改，可以有效地形成主备路由，增加网络可靠性。浮动静态路由拓扑如图 1-83 所示。

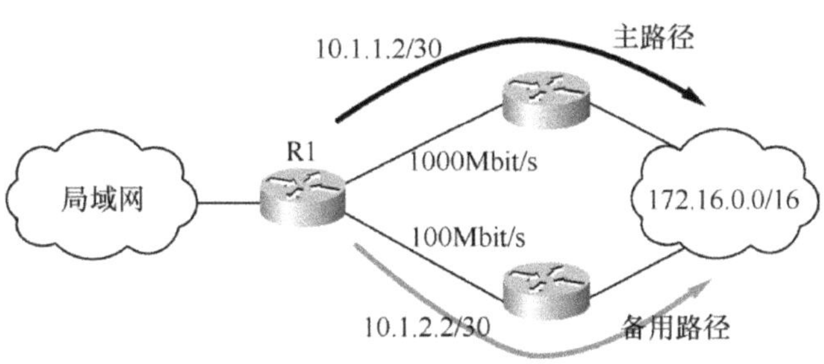

图 1-83　浮动静态路由拓扑

在图 1-83 的网络中，R1 通过两条连接访问 172.16.0.0/16，计划使用 1000Mbit/s 的链路作为主用路径，当此链路故障时，切换到 100Mbit/s 的链路上。这种需求在网络中很常见，下面来看看用浮动静态路由如何实现。

浮动静态路由配置如图 1-84 所示。第一条路由默认优先级为 1，第二条路由优先级为 5，所以第一条路由将被加入路由表，而第二条只能作为备用。

静态路由配置 ×

目的地址	子网掩码	下一跳地址	优先级
172.16.0.0	255.255.0.0	10.1.1.2	1
172.16.0.0	255.255.0.0	10.1.2.2	5

图 1-84　浮动静态路由配置

1.5.4　最长匹配原则

在路由表中，有可能出现多条路由都可以转发同一个 IP 包的情况。

如图 1-85 所示，如果目的 IP 地址是 172.16.6.10，这几条路由都能匹配上吗？如果都能匹配上，应该用哪一条来转发数据包呢？

目的地址	子网掩码	下一跳	出接口	来源	优先级	度量值
172.16.0.0	255.255.0.0	10.1.1.1	fei-1/1	static	1	0
172.16.4.0	255.255.252.0	10.1.2.1	gei-2/1	bgp	200	0
172.16.6.0	255.255.255.0	10.1.3.1	gei-2/2	ospf	110	3
0.0.0.0	0.0.0.0	10.1.0.1	gei-2/5	static	1	0

图 1-85　路由表的最长匹配原则

这里请大家注意，路由表中的路由都是已经比较过优先级和度量值之后的，同一个目的网络，只会把最优的加入路由表，所以此时是不能去比较优先级和度量值的。

这种情况下，应使用最长匹配原则来选出最匹配的路由。所谓最长，是指子网掩码的长度最长，也就是其中“1”的数量最多。所以最长匹配原则实际上是找出最精确匹配的路由。

通过最长匹配原则，也更能理解默认路由的定义。只要是路由表中能与其他路由匹配上的 IP 包，都不会选择默认路由，因为它的子网掩码最短。如果其他路由匹配不上，才根据默认路由来转发。

利用最长匹配原则，可以有效控制设计网络中流量的转发路径。最常见的就是将默认路由指向 Internet 方向，而将那些明确需要访问的网段通过静态或动态路由加入路由表。

1.5.5　IP 通信流程

1.5.5.1　路由器转发流程

当路由器接收到数据帧后，按图 1-86 所示流程进行处理。

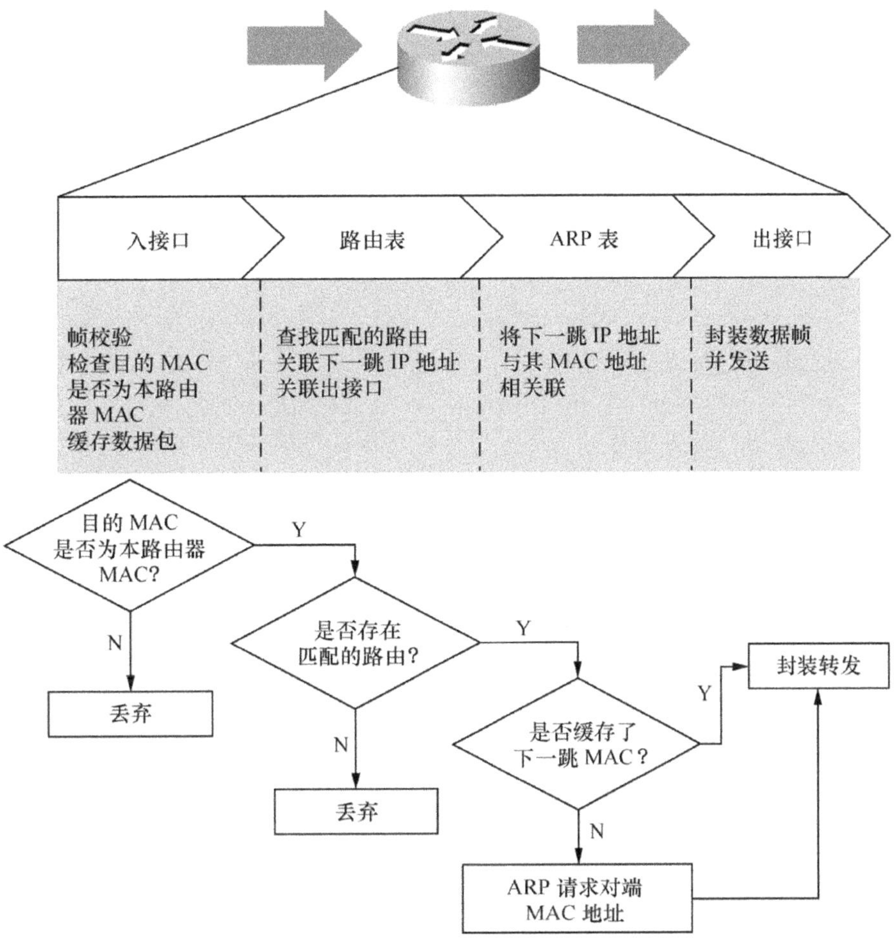

图 1-86　路由器转发流程

1.5.5.2　同网段通信流程

在局域网中，由一台或多台交换机连接的主机和终端，IP 地址很可能配置在同一网段。这些同网段的主机如果要相互通信，根据前面介绍的主机 IP 包收发流程，主机必须获取到对方的 MAC 地址，之后再把数据帧发送出去。

同网段通信时，主机不需要配置默认网关，通信流程图如图 1-87 所示。

同网段通信时，源主机直接封装目标主机的 MAC 地址为目的 MAC，而交换机只读取二层帧中的信息用于二层交换，不会对源主机的帧进行解封装。

1.5.5.3　跨网段通信流程

在日常生活中上网的时候，无论是浏览网页、发送邮件，还是下载电影、观看视频，这些应用所访问的都是其他网络中的终端或服务器，整个 Internet 就是为了这些不同网络之间的通信而生的。

网络之间的通信依赖于路由器。路由器负责连接不同的 IP 网络，并学习到达各个网络的路由。位于两端相互通信的设备需要配置默认网关，数据包首先被发送到默认网关，再依次被中间的各路由器转发，最终抵达目的地。

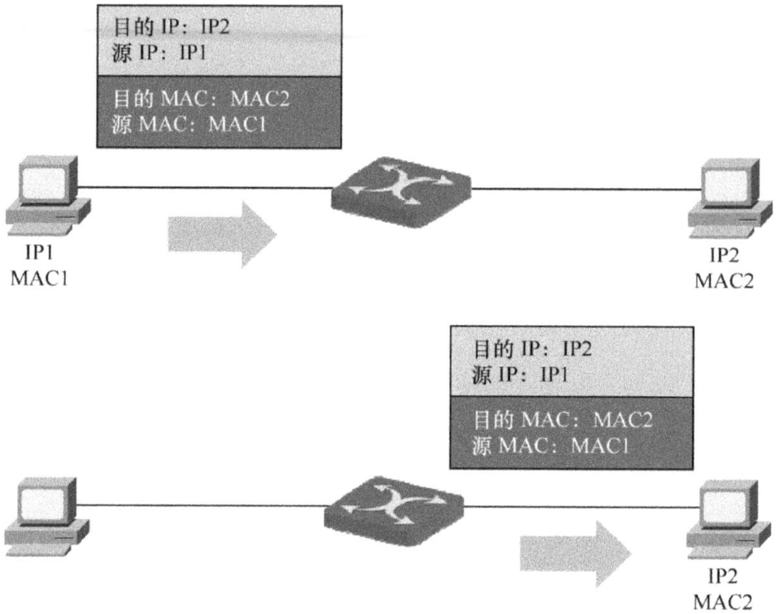

图 1-87　同网段主机通信流程

通过图 1-88 转发流程，可以看到路由器在接收和发送的帧当中，源和目的 MAC 地址都发生了变化。这是因为路由器是根据 IP 地址来进行路由，所以有一个解封装和重新封装的动作，而每次封装都是以自身的 MAC 地址为源、以下一跳 MAC 地址为目的。

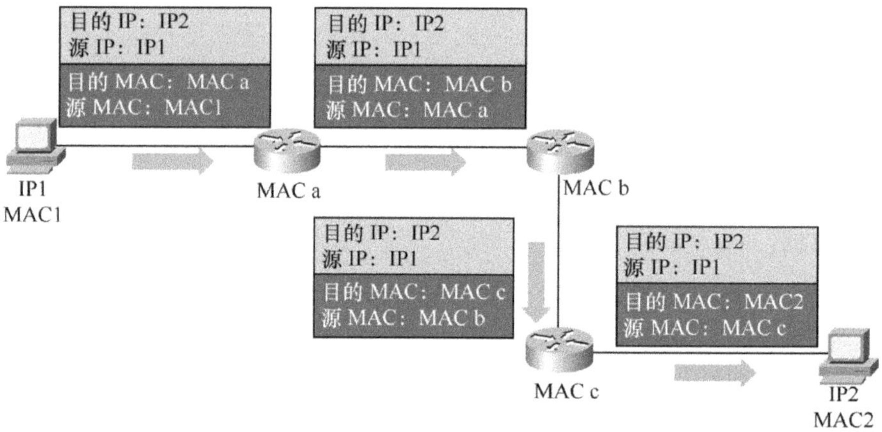

图 1-88　跨网段主机通信流程

在路由器的转发过程中，路由表决定怎么转发，ARP 表决定如何封装，是必不可少的两张表。如果网络流量中断，通过 tracert 定位到路由器，可以检查这两个表是否正确来判断故障。

1.5.5.4　IP 通信流程总结

1. IP 通信是基于 Hop by Hop 的方式

数据包每到达一台路由器都是依靠当前所在的路由器的路由表中的信息做转发决定的，这种方式被称为逐跳（Hop by Hop）。被转发以后数据包不再受这台路由器的控制，每台路由器的转发决定具有独立性。

数据包能否被正确转发至目的取决于整条路径上所有的路由器是否都具备正确的路由信息。

2. 通信过程中 IP 地址始终不变

通过前面介绍的同网络内和不同网络间的通信流程，可看到数据包的 IP 地址始终不变。路由器只根据 IP 地址来确定转发路径，不需要去改变 IP 地址。

3. 经过路由后，二层帧重新封装

在路由器转发流程中，路由需要读取网络层地址，所以在入接口必须要解封装二层帧，出接口要重新封装。图 1-87 的例子二层是以太网，现实网络中还有可能使用 PPP、HDLC 等协议，这些协议并不使用 MAC 地址，但同样也有重新封装的过程。

4. 到达与返回的数据包选路可以不同

如果是 A 与 B 两个主机通信，A→B 和 B→A 的路径可以不相同（见图 1-89）。IP 通信是 Hop by Hop 的，路由器的路由只负责为目的网络指出下一跳，并不记忆整条路径。从路由使用的灵活性来说，往返的路径不要求一致，有利于调整流量的分布。

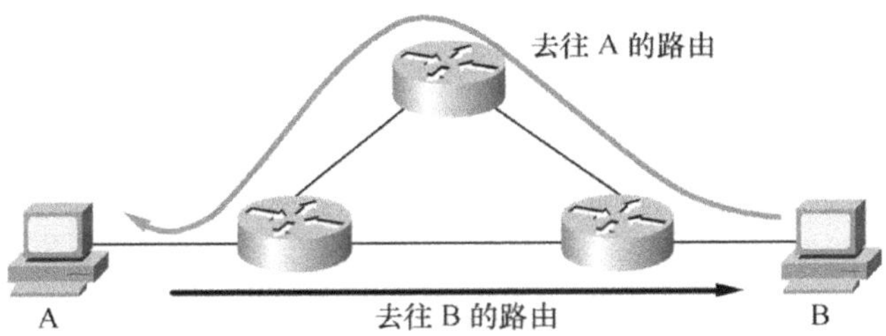

图 1-89 往返路径无关

1.5.6 VLAN 间路由

普通的二层交换机配置 VLAN 后能实现广播域的隔离，增加了网络安全性。但随之而来的问题是，VLAN 之间的通信也被隔离，一些必要的业务通信无法实现，很不方便。比如部门 A 在 VLAN1 中，部门 B 在 VLAN2 中，这两个部门要互相传送些文件，但是被 VLAN 给隔离了。那么怎么解决 VLAN 之间通信的问题呢？这就需要用到路由设备，将不同 VLAN 划分到不同网段，采用路由来连通这些网段。常见的方案有如图 1-90 所示三种。

1.5.6.1 普通 VLAN 间路由

如图 1-90 左边的拓扑，在二层交换机上 3 个接口分别配置 VLAN1、VLAN2、VLAN3，Access 模式，连接用户。另外 3 个接口也分别配置 VLAN1、2、3，Access 模式，连接到路由器的 3 个接口。路由器的 3 个接口配置 3 个不同网段的 IP 地址，这些地址作为交换机的 VLAN1、VLAN2、VLAN3 所接用户的网关。路由器的接口配置如图 1-91 所示。

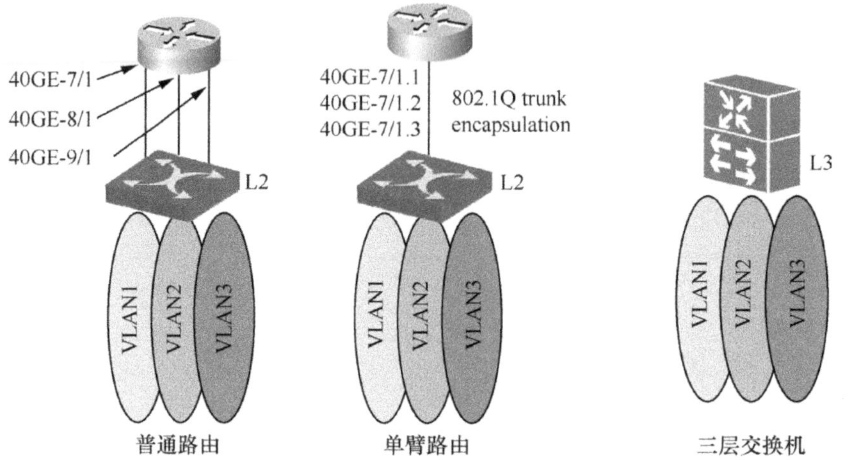

图 1-90　VLAN 间路由三种方案

40GE-7/1	up	光	33 . 1 . 1 . 1	255 . 255 . 255 . 0
40GE-8/1	up	光	33 . 1 . 2 . 1	255 . 255 . 255 . 0
40GE-9/1	up	光	33 . 1 . 3 . 1	255 . 255 . 255 . 0

图 1-91　普通路由的路由器配置

假设 VLAN1 的用户与 VLAN2 的用户通信。用户数据到达交换机 VLAN1 接口，根据交换机的转发表，从另一个 VLAN1 的接口发往路由器。由于交换机是 Access 接口，所以发往路由器 GE-7/1 的是 Untagged 的报文。当 GE-7/1 收到交换机的报文后，查找路由表，将数据包转发到 GE-8/1。之后再进入交换机的 VLAN2，转发到 VLAN2 对应的终端。

1.5.6.2　单臂路由

如图 1-90 中间的拓扑，在二层交换机上 3 个接口分别配置 VLAN1、VLAN2、VLAN3，Access 模式，连接用户。另一个接口 Trunk 模式，关联 VLAN1、VLAN2、VLAN3，连接到路由器的 1 个接口。路由器的 3 个接口配置 3 个不同网段的 IP 地址，这些地址作为交换机的 VLAN1、VLAN2、VLAN3 所接用户的网关。路由器的接口配置如图 1-92。

接口ID		接口状态	封装vlan	IP地址	子网掩码
40GE-7/1	.1		1	101 . 1 . 1 . 1	255 . 255 . 255 . 0
40GE-7/1	.2		2	101 . 1 . 2 . 1	255 . 255 . 255 . 0
40GE-7/1	.3		3	101 . 1 . 3 . 1	255 . 255 . 255 . 0

图 1-92　单臂路由的路由器配置

此时交换机送往路由器的都是 Tagged 报文，根据 VLAN 标签路由器的子接口，在接收的时候解封装，查路由表，之后发往另一子接口再封装 VLAN 标签发出。单臂路由最大的优势是极大节省了路由器的接口资源，所以被广泛应用于现实网络当中。

1.5.6.3　三层交换机

如图 1-90 右边的拓扑，在三层交换机上三个接口分别配置 VLAN1、VLAN2、VLAN3，Access 模式，连接用户。在三层交换机上创建 VLAN1、VLAN2、VLAN3 三个三层接口，分别配置 IP 地址作为对应 VLAN 的网关。通过交换机自带的路由功能，实现 VLAN 之间的通信。三层交换机配置如图 1-93。

VLAN 1	up	161.1.1.1	255.255.255.252
VLAN 2	up	161.1.2.1	255.255.255.252
VLAN 3	up	161.1.3.1	255.255.255.252

图 1-93　三层交换机的 VLAN 三层接口配置

在局域网中，网络规模较小，常用三层交换机来作为用户网关，并实现 VLAN 间互通。在运营商的网络中，由于用户数量极大，可能用到的 VLAN 数量非常多，对设备的处理性能和安全性提出了更高要求，一般会采用单臂路由。

PTN 设备具备三层交换能力，也可以实现此功能。

1.6　OSPF 基本原理

1.6.1　OSPF 概述

OSPF（Open Shortest Path First，开放型最短路径优先协议）是 IETF（Internet Engineering Task Force）组织开发的一个基于链路状态的自治系统（AS）内部路由协议（IGP），用于在单一自治系统内决策路由。在 IP 网络上，它通过收集和传递自治系统的链路状态来动态地发现并传播路由。

由于是链路状态协议，OSPF 不易产生路由环路。路由环路是指网络中的路由由于配置错误，造成路由的指向形成环形，数据包转发时顺着环形路由又回到原点，且不断绕圈，大量的这种数据包会严重影响网络性能。OSPF 另一特点是基于 IP 开发，使得它比较容易被理解和使用。

1.6.2　OSPF 概念

1. 路由器 ID

路由器 ID（Router ID）是 32 位二进制数，用于标识每个路由器，要求全局唯一。通常，为第一个先激活的接口 IP 地址，若有多个已经激活的接口，则为路由器最小的 IP 地址。如果在路由器上配置了 loopback 接口，那么，路由器 ID 是所有 loopback 接口中最小的 IP 地址，不管其他物理接口的 IP 地址的值，激活后不变，如图 1-94 所示。

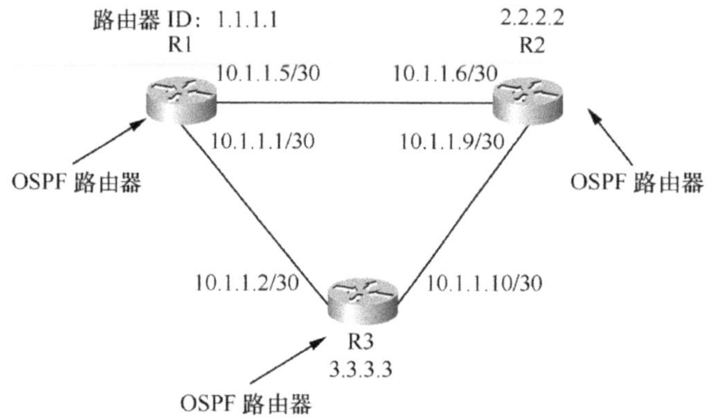

图 1-94　OSPF 路由器和 Router-id

2. 接口

接口（Interface）是路由器与具有唯一 IP 地址和子网掩码的网络之间的连接，也称为链路（Link）。

3. 邻居表

邻居表（Neighbor Database）包括所有建立联系的邻居路由器，如图 1-95 所示。

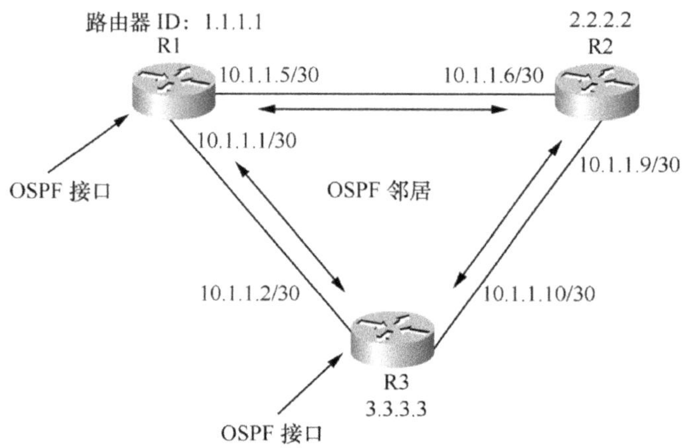

图 1-95　OSPF 接口和 OSPF 邻居关系

4. 链接状态表

链接状态表（Link State Database，LSDB）包含了网络中所有路由器的链接状态。它表示着整个网络的拓扑结构。与 Area 内的所有路由器的链接状态表，都是相同的。

5. 路由表

路由表（Routing Table）也称转发表，是在链接状态表的基础之上，利用 SPF 算法计算而来。

OSPF 的邻居表、链接状态表、路由表如图 1-96 所示。

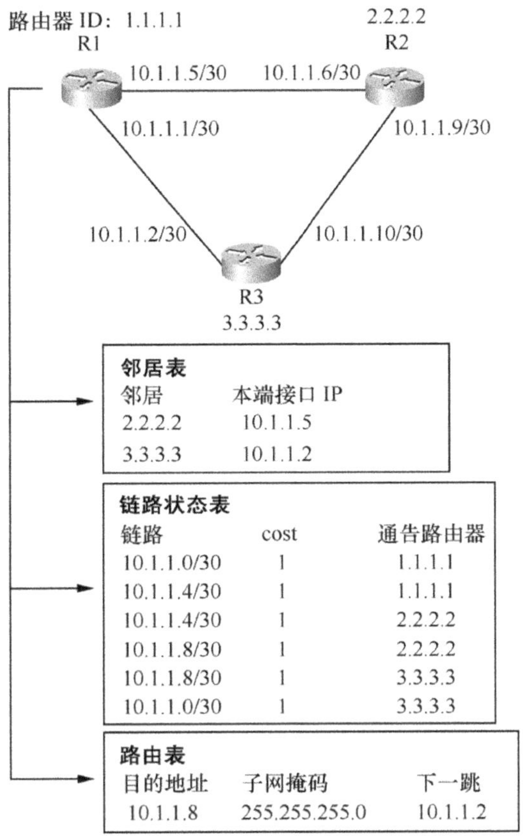

图 1-96　OSPF 的三张表

1.6.3　OSPF 协议报文

1.6.3.1　OSPF 报文封装

OSPF 依靠 IP 包来承载 OSPF 信息，使用的协议号是 89。OSPF 报文封装如图 1-97 所示。

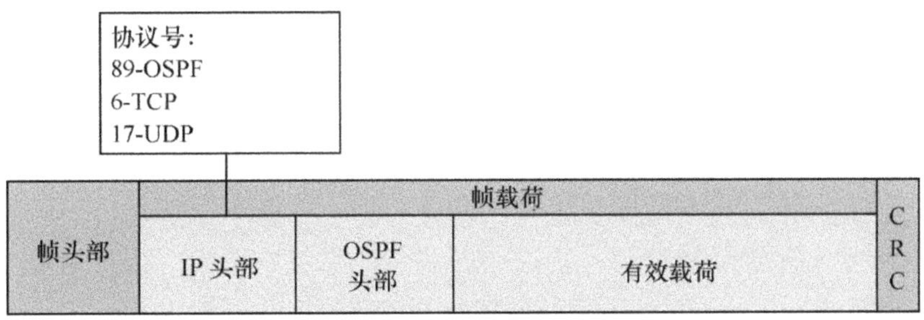

图 1-97　OSPF 报文封装

1.6.3.2　OSPF 报文格式

图 1-98 展示了 OSPF 报文的格式，各字段的说明如下。

（1）版本号：标识所使用的 OSPF 版本。

（2）类型：将 OSPF 数据包类型标识为以下类型之一。

① Hello 包：建立和维持邻居关系。

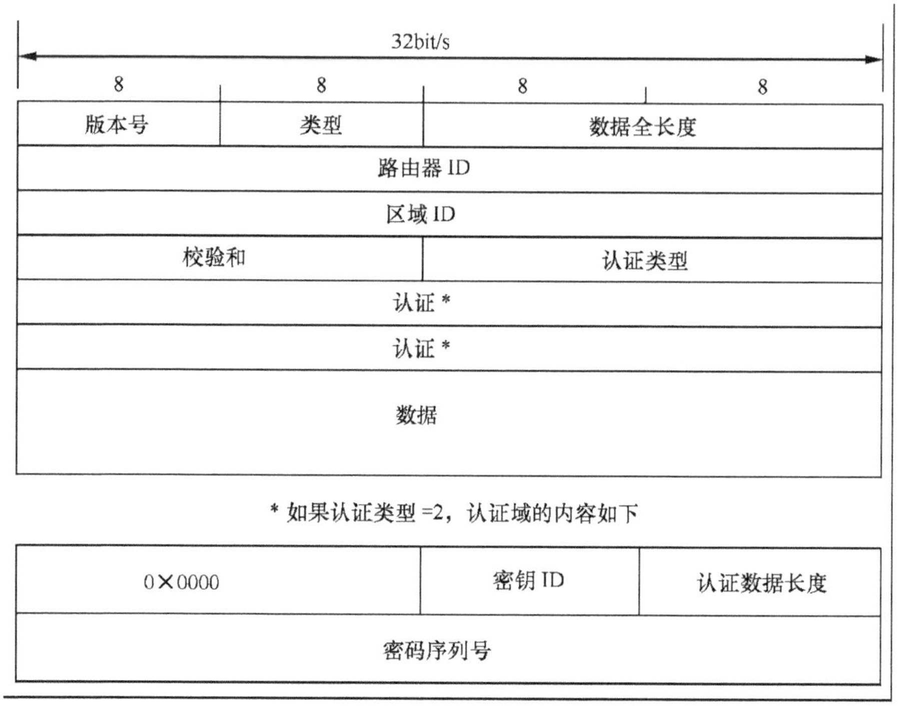

图 1-98　OSPF 报文格式

② 数据库描述包（DBD 或 DDP）：描述拓扑结构数据库的内容。

③ 链路状态请求包（LSR）：向相邻路由器请求其拓扑结构数据库的部分内容。

④ 链路状态更新包（LSU）：对链路状态请求数据包的回应，包含具体的链路状态信息。

⑤ 链路状态确认包（LSAck）：对链路状态更新数据包的确认，这种确认使 OSPF 的扩散过程更可靠。

（3）数据包长度：以字节为单位的数据包的长度，包括 OSPF 包头。

（4）路由器 ID：标识数据包的发送者。

（5）区域 ID：标识数据包所属的区域，所有 OSPF 数据包都与一个区域相关联。

（6）校验和：校验整个数据包的内容，以发现传输中可能受到的损伤。

（7）认证类型：包含认证类型，类型 0 标识不进行认证，类型 1 表示采用明文方式进行认证，类型 2 表示采用 MD5 算法进行认证。OSPF 协议交换的所有信息都可以被认证，认证类型可按各个区域进行配置；

（8）认证：包含认证信息。

（9）数据：包含所封装的上层信息（实际的链路状态信息）。

1.6.3.3　Hello 报文

Hello 报文中包含一些字段，用于两个路由器建立邻居关系。这些字段信息如图 1-99 所示。其中要保持一致，才能保证邻居关系建立的字段如下。

① Hello intervals：Hello 报文发送的时间间隔；

② Area-ID：区域 ID；

③ Authentication password：认证密码，只有开启认证时才有效；

④ Stub area flag：Stub 区域标记，stub 区域是一种特殊类型的区域，如果一个路由器拥有此标记，它的邻居也要拥有。

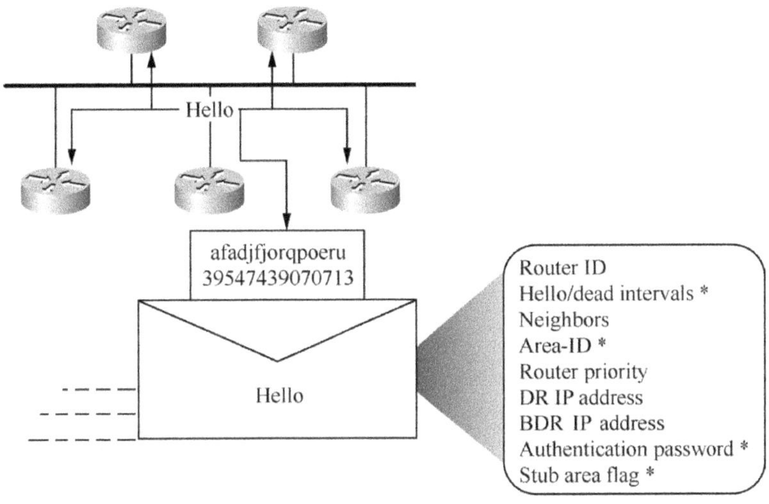

图 1-99　Hello 报文中的信息

1.6.4　OSPF 邻接关系

1.6.4.1　建立邻接关系流程

（1）首先相邻的两台路由器彼此发送 Hello 报文，并比较报文内容，形成邻居，建立邻居表，如图 1-100 所示。

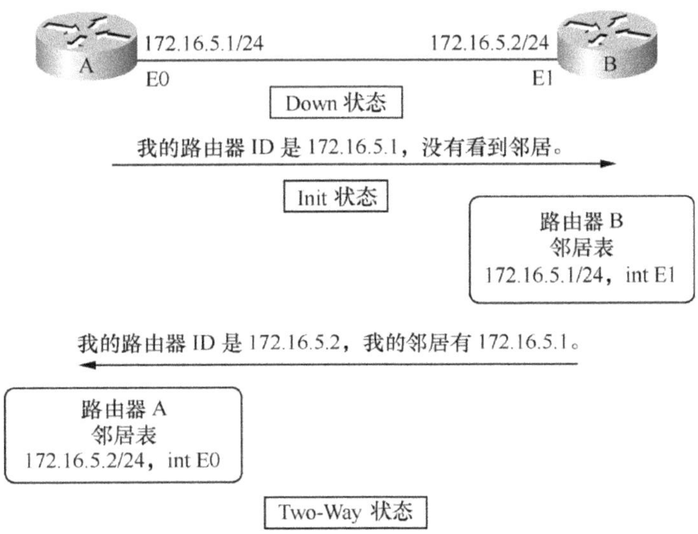

图 1-100　建立邻居关系

（2）双方互发 DBD 报文，通告自己的链路状态表中已包含了哪些链路状态信息，如图 1-101 所示。

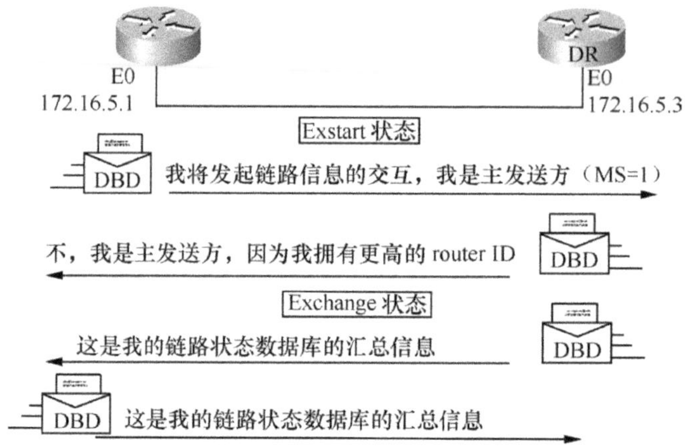

图 1-101　邻居互发 DBD 报文

（3）将对方的 DBD 报文内容，与自己的 LSDB 内容比较，发现自己缺少哪些链路信息。然后向对方发送 LSR 报文申请获取这些缺少的链路信息。链路信息被称为 LSA。

收到对方的请求后，将对方所需的 LSA 封装在 LSU 报文中发回。收到 LSU 的路由器，都要礼貌地回复 LSAck，确认自己已收到 LSU 报文，如图 1-102 所示。

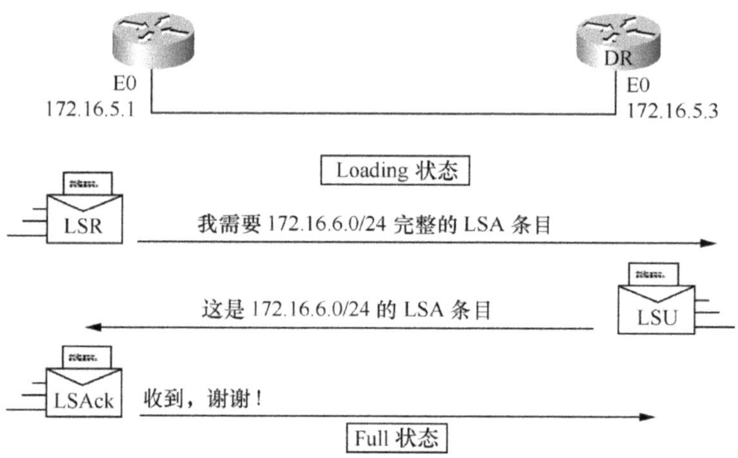

图 1-102　交换 LSA

双方交换 LSA 后，如果 LSDB 的内容已经一致，此时双方进入邻接状态。在路由器上查看邻居状态时，会看到邻居路由器处于 FULL 状态，意思就是 LSDB 已同步。

1.6.4.2　DR 和 BDR

DR 为指定路由器，BDR 为备用指定路由器。

作用：如图 1-103 所示，广播型链路中如果存在 *n* 个路由器，两两建立邻接关系，则总共有 $n(n-1)/2$ 对邻接关系。它们彼此交换链路状态信息，效率不高，且占用系统资源和带宽。DR 的作用就是在这个广播域中充当领袖的角色，所有路由器仅跟 DR 形成邻接，先把链路信息发给 DR，再由 DR 转发给其他路由器。BDR 作为 DR 的备份，也跟所有路由器形成邻接关系，它监控 DR 的状态，在 DR 失效后接替 BDR 转化为新的 DR。

1.6.4.3　LSA 的洪泛

当某个链路状态发生变化，如链路失效、链路生效时，连接该链路的路由器要向整个 OSPF 网络发送 LSU 报文，包含此链路的最新 LSA 信息，其他路由器根据这个通告来更新 LSDB 和路由表。

图 1-104、图 1-105 分别说明了点到点链路和广播链路状态变化时，LSA 的洪泛过程。常见的点到点链路如封装了 PPP 协议的 E1 接口对接，常见的广播型链路如以太网接口对接。

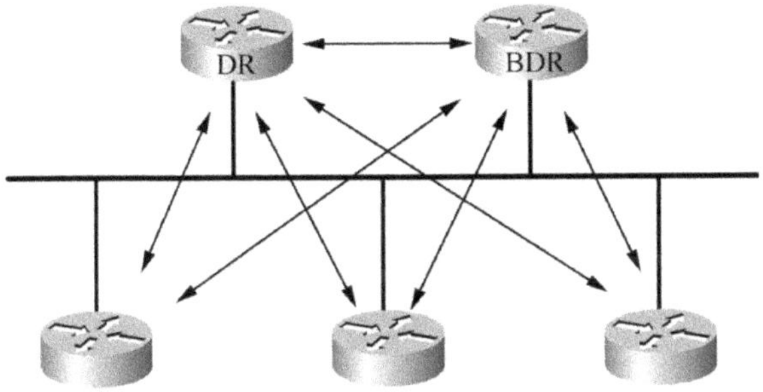

图 1-103　DR 和 BDR

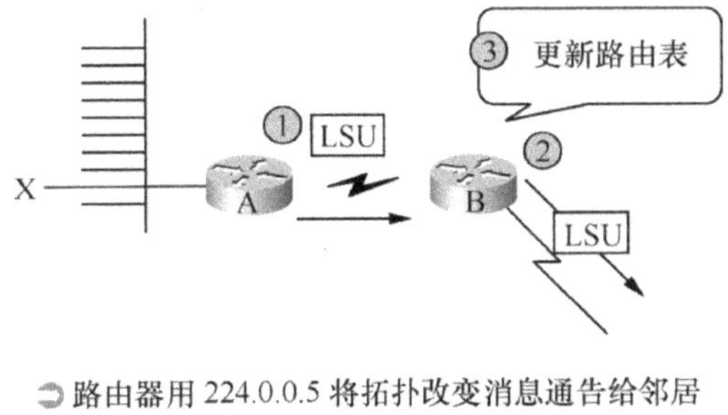

图 1-104　点到点链路状态变化

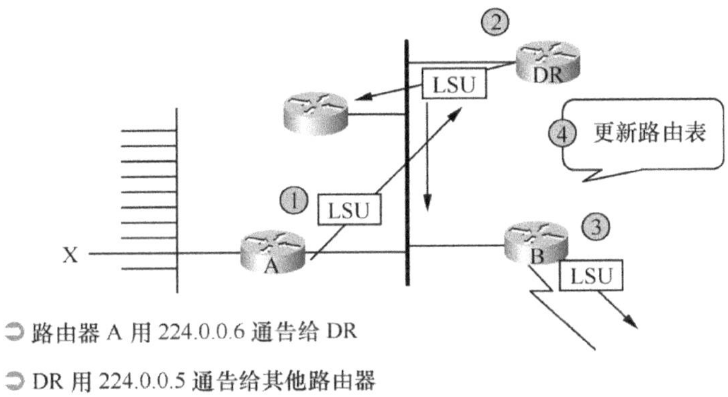

图 1-105　广播型链路状态变化

1.6.5　OSPF 路由计算

1.6.5.1　计算过程

图 1-106 描述了通过 OSPF 协议计算路由的过程。

（1）由 4 台路由器组成的网络，数字为 Cost 值（OSPF 中的度量值），表示从一台路由器到另一台路由器所需要的花费。为简单起见，我们假定两台路由器相互之间发送报文所需花费是相同的。

（2）每台路由器都根据自己周围的网络拓扑结构生成一条 LSA，并通过相互之间发送协议报文将这条 LSA 发送给网络中其他的所有路由器。这样每台路由器都收到了其他路由器的 LSA，所有的 LSA 放在一起就是 LSDB。显然，4 台路由器的 LSDB 都是相同的。

（3）由于一条 LSA 是对一台路由器周围网络拓扑结构的描述，那么 LSDB 则是对整个网络的拓扑结构的描述。路由器很容易将 LSDB 转换成一张带权的有向图，这张图便是对整个网络拓扑结构的真实反映。显然，4 台路由器得到的是一张完全相同的图。

（4）接下来每台路由器在图中以自己为根节点，使用 SPF 算法计算出一棵最短路径树，由这棵树得到了到网络中各个节点的路由表。4 台路由器在网络中位置不同，各自得到的路由表也是不同的。这样每台路由器都计算出了到其他路由器的路由。

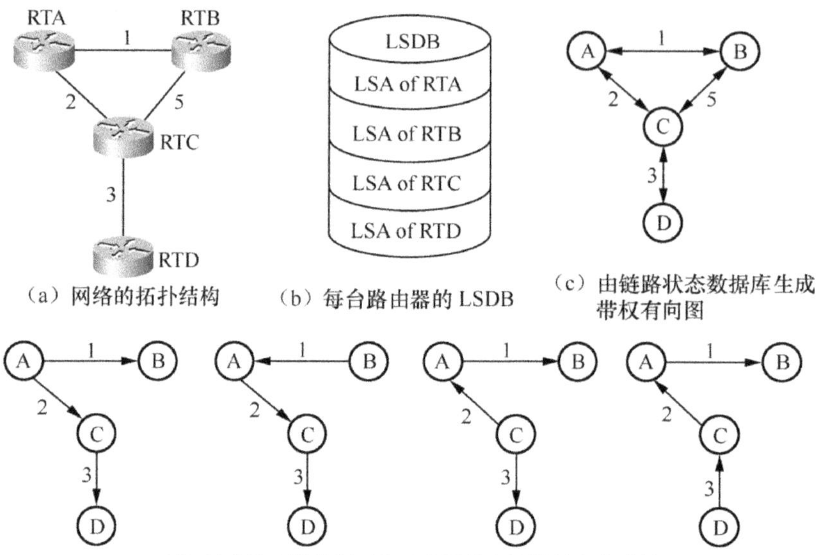

（a）网络的拓扑结构　（b）每台路由器的 LSDB　（c）由链路状态数据库生成带权有向图

（d）每台路由器分别以自己为根节点计算最小生成树

图 1-106　OSPF 路由计算

1.6.5.2　Cost 计算原则

Cost 计算原则如图 1-107 所示，接口 Cost 值的计算公式为 Cost=参考值/接口带宽，默认参考值为 100 Mbit/s。如果接口带宽>100Mbit/s，则接口 Cost 值取 1。

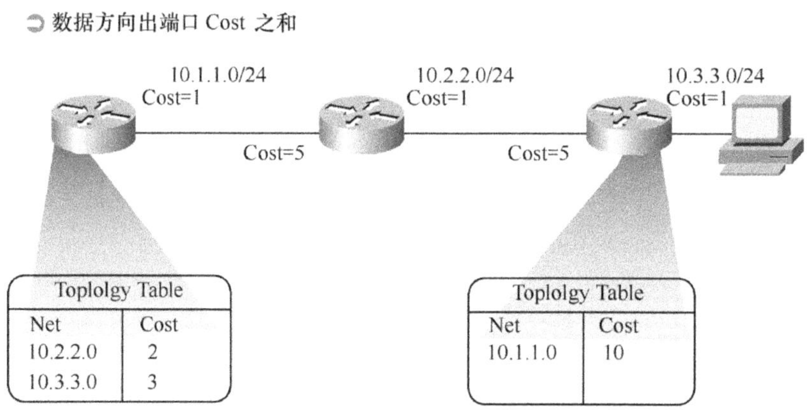

图 1-107　Cost 计算原则

1.6.6　OSPF 区域划分

由于 OSPF 是链路状态型协议，当反复计算网络拓扑和路由时，对路由器内存和 CPU 的性能消耗是巨大的。如果路由器性能不足，会导致路由更新缓慢甚至缺失的情况。

但是网络中又不可能保证所有路由器都是高性能的，因为这需要巨大的投资。那如何解决大型 OSPF 网络存在的问题呢？答案就是采用区域划分。就像一个大型城市，如果只有一个市政府来管理，事务过多很难做到面面俱到，管理不善就可能会引起混乱。但如果城市划分成多个行政区域，每个区域有独立的管理机构，那么城市管理的效果就会好很多。划分区域的 OSPF 网络如图 1-108 所示。

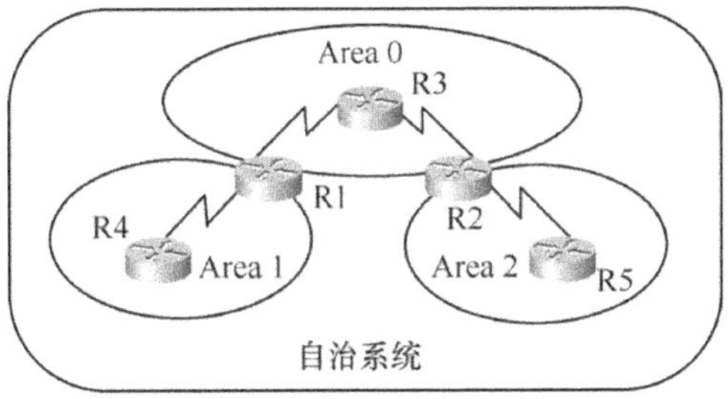

图 1-108　划分区域的 OSPF 网络

（1）划分区域的好处

划分区域后，每个路由器只需计算所在区域内的拓扑信息，生成本区域的拓扑图，从而大大降低了路由器拓扑计算量。

（2）区域间如何通信

处于两个区域间的路由器称为 ABR（区域边界路由器）。ABR 负责将 1 个区域的链路通告给其他区域，声明自己是这些链路的通告者。对于其他区域的路由器，只需要知道去往 ABR，就相当于知道了到达 ABR 通告的链路。如图 1-108 所示，Area 1 的链路信息通过 R1 通告给 Area 0 的 R3，R3 并不知道 Area 1 的拓扑信息。Area 1 的链路信息通过 R2 告知 R5，R5 只知道通过 R2 可以到达 Area 1 的链路。

（3）划分多区域的原则

① 一定要有 Area 0，作为骨干区域，Area 0 必须连续。

② 非 0 区域必须连接到 Area 0，且非 0 区域也必须连续。一般非 0 区域不互相连接。

1.6.7　OSPF 路由重分发

1.6.7.1　什么是路由重分发

如图 1-109 所示，R2 配置了去往 N1 的静态路由，R1 没有去往 N1 的路由。如果要让 R1 通过 OSPF 学到 N1 的路由，在 R2 上可执行静态路由重分发，把静态路由转换成 OSPF 路由，通告到 OSPF 世界中，并表明自己是通告者。对于其他 OSPF 路由器，只知道通过 R2 可以到达 N1。

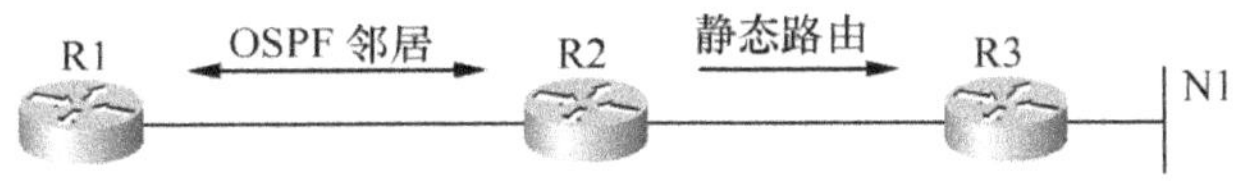

图 1-109　路由重分发拓扑

重分发，就是在一种路由协议中引入其他路由协议产生的路由，并以本协议的方式来传播这条路由。比如 R2 在 OSPF 中引入静态路由，以 OSPF 报文来通告静态路由的目的网段，其他 OSPF 路由器就将它认为是一条 OSPF 路由。执行了重分发操作的路由器被称为 ASBR。路由重分发过程如图 1-110 所示。

OSPF 可以重分发直连路由、静态路由、其他动态路由协议的路由，前提是这些路由必须已经存在于路由表中。

1.6.7.2　重分发的 Cost 值计算

重分发后，Cost 值有两种计算方式，分别标记为 EXT-1 和 EXT-2。

EXT-2：重分发的 BGP 路由 Cost 为 1，其他路由 Csot 值为 20。不计算中间链路的 Cost。EXT-2 的 Cost 计算如图 1-111 所示。

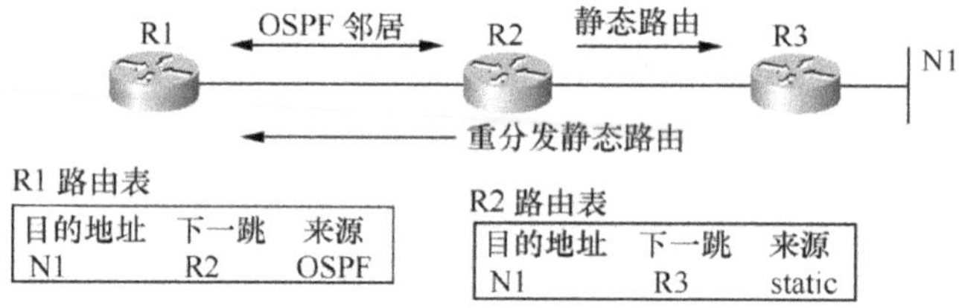

图 1-110　路由重分发过程

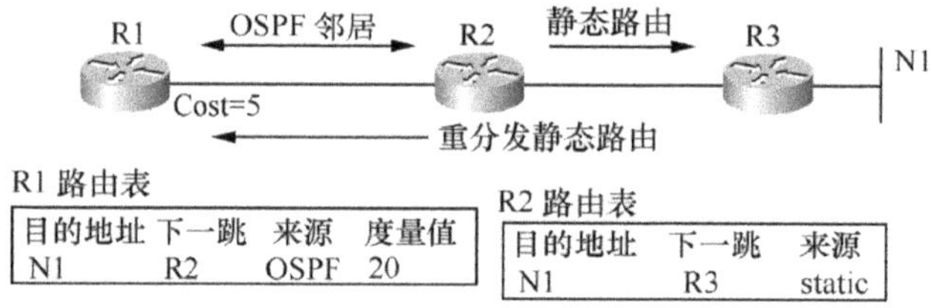

图 1-111　EXT-2 类型 Cost 值计算

EXT-1：分发的 BGP 路由 Cost 为 1，其他路由 Cost 值为 20。在此基础上，将 OSPF 世界的 Cost 值记入该条路由的花费值中进行计算。选用 EXT-1 的好处是能了解重分发的路由在 OSPF 网络中的开销。4G 全网仿真软件中的设备采用 EXT-1 的计算方式，如图 1-112 所示。

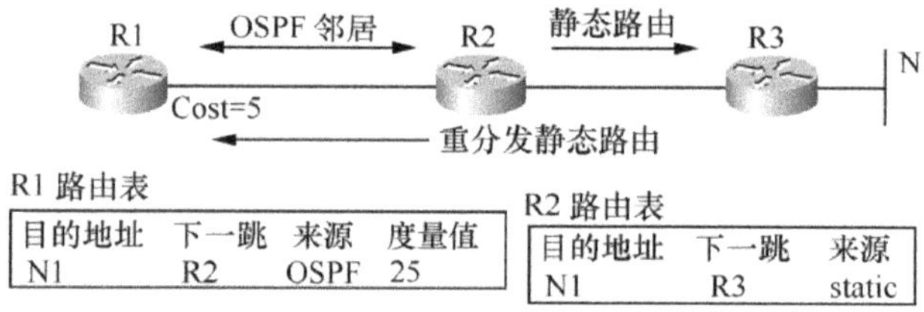

图 1-112　EXT-1 类型 Cost 值计算

1.6.7.3　OSPF 路由器的类型

图 1-113 展示了 OSPF 的各种路由器类型。

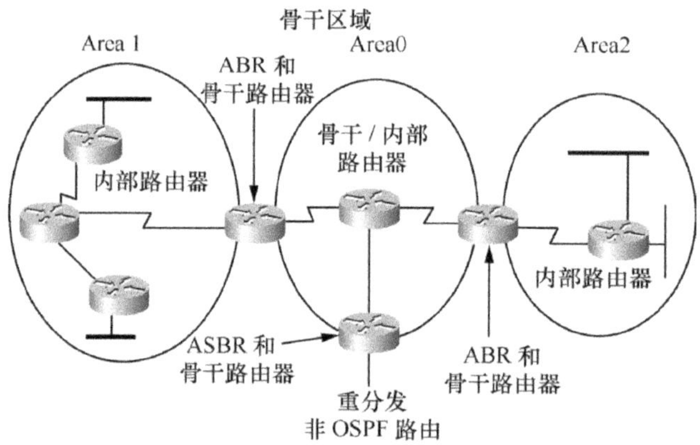

图 1-113　OSPF 路由器的类型

① 骨干路由器：至少有一个接口属于 Area0 的 OSPF 路由器。

② 内部路由器：所有接口属于同一 Area 的 OSPF 路由器。

③ ABR：至少有两个接口分属不同 Area 的 OSPF 路由器。

④ ASBR：执行了重分发的 OSPF 路由器。

有的路由器可能同时拥有多种身份。

第 2 章

PTN 原理

📖 **知识点**

本章介绍 LTE 承载网中常见的 PTN 网络，包括其发展背景、特点、关键技术和实现流程等。

- PTN 概述
- MPLS 原理
- MPLS-TP 原理
- PWE3 原理

2.1 PTN 概述

2.1.1 PTN 的定义

分组传送网（Packet Transport Network，PTN）是一种传送网络架构和具体技术，具有如下特点。

（1）在 IP 业务和底层光传输媒质之间设置了一个层面，该层面针对分组业务流量的突发性和统计复用传送的要求而设计；

（2）以分组为内核，实现多业务承载；

（3）具有更低的总体使用成本（Total Cost of Ownership，TCO）；

（4）秉承光传输的传统优势，包括：

① 高可用性和可靠性；

② 高效的带宽管理机制和流量工程；

③ 便捷的 OAM 和网管；

④ 可扩展；

⑤ 较高的安全性。

2.1.2 PTN 的发展背景

2.1.2.1 现有传送网的弊端

随着新兴数据业务的迅速发展和带宽的不断增长、无线业务的 IP 化演进、商业客户的 VPN（Virtual Private Network，虚拟专用网）业务应用，对承载网的带宽、调度、活性、成本和质量等综合要求越来越高。传统以电路交叉为核心的 SDH（Synchronous Digital Hierarchy，同步数字体系）网络过去主流的传输技术存在成本过高、带宽利用低、不够灵活的弊端，运营商陷入占用大量带宽的数据业务的微薄收入与高昂的网络建设维护成本的矛盾之中。同时，传统的非连接特性的 IP 网络和产品，又难以严格保证重要业务的传送质量和性能，已不适应于电信级业务的承载。现有传送网的弊端如下（见图 2-1～图 2-4）。

（1）TDM（Time Division Multiplex，时分复用）业务的应用（常见为语音业务应用）范围正在逐渐减少。

（2）随着数据业务的不断增加，基于 MSTP［（Multi-Service Transport Platform，多业务传送平台（基于 SDH 技术实现）］的设备的数据交换能力难以满足需求。

（3）业务的突发特性加大，MSTP 设备的刚性传送管道将导致承载效率的降低。

（4）随着对业务电信级要求的不断提高，传统基于以太网、MPLS（Multi Protocol Label Switching，多协议标签交换）、ATM（Asynchronous Transfer Mode，异步传输模式）等技术的网络不能同时满足网络在 QoS（Quality of Service，服务质量）、可靠性、可扩展性、管理维护和时钟同步的需求。

交换机、路由器、MSTP 承载网存在的主要问题如图 2-1～图 2-3 所示。

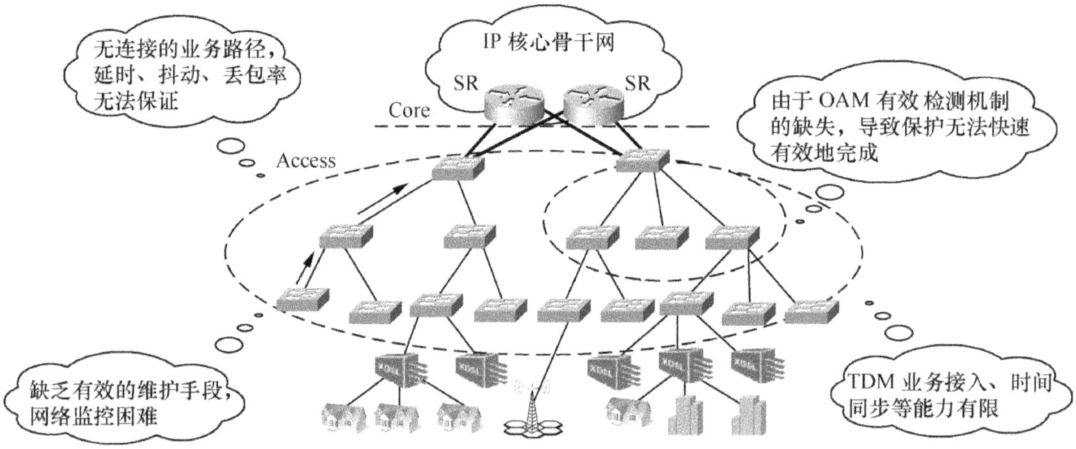

图 2-1 传统交换机承载的问题

综上所述，运营商需要一种可融合传统语音业务和电信级业务要求、低运营成本和建设成本的 IP 传送网，构建智能化、融合、宽带、综合的面向未来和可持续发展的电信级网络。

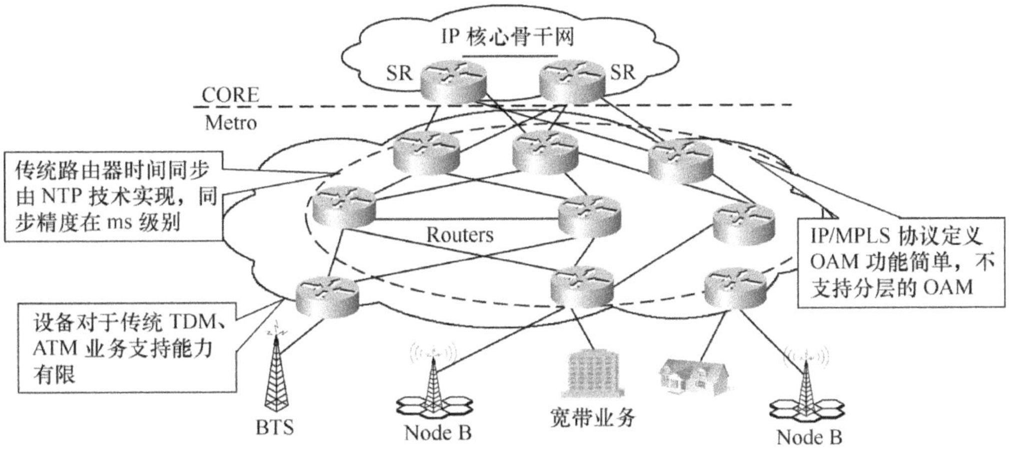

图 2-2　传统路由器承载的问题

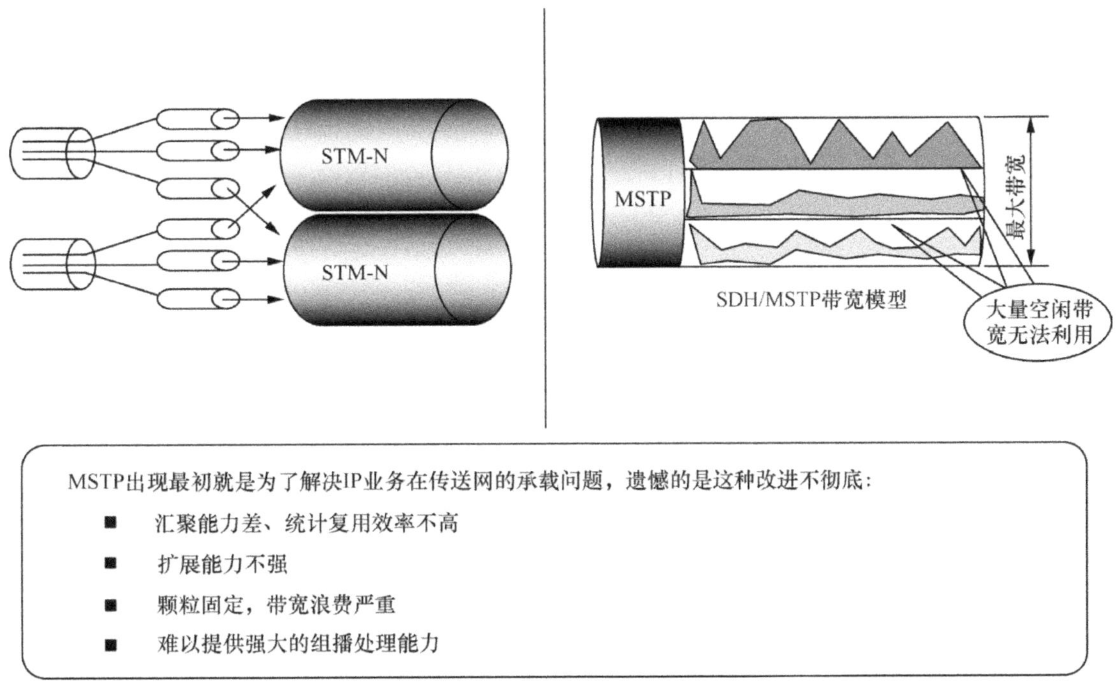

图 2-3　传统 MSTP 承载的问题

2.1.2.2　PTN 的产生

在电信业务 IP 化趋势推动下，传送网承载的业务从以 TDM 为主向以 IP 为主转变，这些业务不但有语音数据，更包括近几年发展起来的 3G、4G 业务。而目前的传送网现状是 SDH/MSTP、以太网交换机、路由器等多个网络分别承载不同业务、各自维护，难以满足多业务统一承载和降低运营成本的发展需求。因此，传送网需要采用灵活、高效和低成本的分组传送平台（PTN）来实现全业务统一承载和网络融合，分组传送平台由此应运而生。

以 MPLS-TP（Multi-Protocol Label Switching-Transport Profile）为代表的 PTN 设备，作为 IP/MPLS 或以太网承载技术和传送网技术相结合的产物，是目前 3G/4G 承载网最佳

方案之一，具有以下特征。

（1）面向连接。

（2）利用分组交换核心实现分组业务的高效传送。

（3）可以较好地实现电信级以太网业务的 5 个基本属性，包括：

① 标准化的业务；

② 可扩展性；

③ 可靠性；

④ 严格的业务服务质量管理；

⑤ 运营级别的网络维护和管理。

2.1.3 PTN 的特点

PTN 网络是 IP/MPLS、以太网和传送网 3 种技术相结合的产物，具有面向连接的传送特征，适用于承载电信运营商的无线回传网络、以太网专线、L2（Layer2）VPN 以及 IPTV（Internet Protocol Television）等高品质的多媒体数据业务。

PTN 网络具有以下特点：

（1）基于全 IP 分组内核。

（2）秉承 SDH 端到端连接、高性能、高可靠、易部署和维护的传送理念。

（3）保持传统 SDH 优异的网络管理能力和良好体验。

（4）融合 IP 业务的灵活性和统计复用、高带宽、高性能、可扩展的特性。

（5）具有分层的网络体系架构。

（6）传送层划分为段、通道和电路各个层面，每一层的功能定义完善，各层之间的相互接口关系明确清晰，使得网络具有较强的扩展性，适合大规模组网。

（7）采用优化的面向连接的增强以太网、IP/MPLS 传送技术，通过 PWE3 仿真适配多业务承载，包括以太网帧、MPLS（IP）、ATM、FR（Frame Relay，帧中继）等。

（8）为 L3（Layer 3）/L2（Layer 2）乃至 L1（Layer 1）用户提供符合 IP 流量特征的优化的传送层服务，可以构建在各种光网络/L1/以太网物理层之上。

（9）具有电信级的 OAM（Operation Administration and Maintenance，操作管理维护）能力，支持多层次的 OAM 及其嵌套，为业务提供故障管理和性能管理。

（10）提供完善的 QoS 保障能力，将 SDH、ATM 和 IP 技术中的带宽保证、优先级划分、同步等技术结合起来，实现承载在 IP 之上的 QoS 敏感业务的有效传送。

（11）提供端到端业务的保护。

2.1.4 PTN 的应用

2.1.4.1 PTN 的网络定位

PTN 技术主要定位于城域级别网络的汇聚接入层，其在网络中的定位主要满足以下需求。

（1）多业务承载

PTN 在网络业务有无线基站回传的 TDM/ATM 以及今后的以太网业务、企事业单位和家庭用户的以太网业务。

（2）业务模型

城域的业务流向大多是从业务接入节点到核心/汇聚层的业务控制和交换节点，为点到点（P2P）和点到多点（P2MP）汇聚模型，业务路由相对确定，因此中间节点不需要路由功能。

（3）严格的 QoS

TDM/ATM 和高等级数据业务需要低时延、低抖动和高带宽保证，而宽带数据业务峰值流量大且突发性强，要求具有流分类、带宽管理、优先级调度和拥塞控制等 QoS 能力。

（4）电信级可靠性

需要可靠的、面向连接的电信级承载，提供端到端的 OAM 能力和网络快速保护能力。

（5）网络扩展性

在城域范围内业务分布密集且广泛，要求具有较强的网络扩展性。

（6）网络成本控制

大中型城市现有的传送网都具有几千个业务接入点和上百个业务汇聚节点，因此要求网络具有低成本、可统一管理和易维护的优势。

2.1.4.2　PTN 的组网应用

PTN 主要用于城域接入汇聚和核心网的高速转发。

1. 移动 Backhaul 业务承载

PTN 针对移动 2G/3G/4G 业务，提供丰富的业务接口 TDM/ATM/IMA E1/STMn/POS/FE/GE/10GE/40GE/100GE，通过 PWE3 伪线仿真接入 TDM、ATM、Ethernet 业务，并将业务传送至移动核心网一侧，如图 2-4 所示。

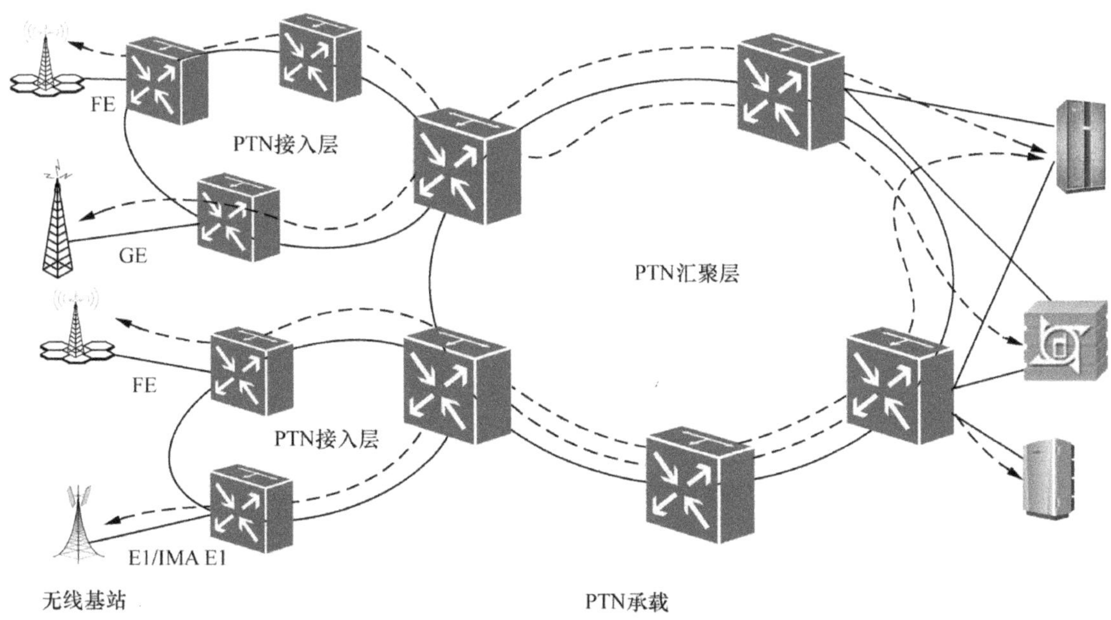

图 2-4　PTN 移动 Backhaul 应用示意图

2. PTN 在核心网高速转发的应用

如图 2-5 所示，核心网由 IP/MPLS 路由器组成，对于中间路由器 LSR（Label Switched Router），其完成的功能是对 IP 包进行转发，其转发基于三层，协议处理复杂，可以用 PTN 来完成 LSR 分组转发的功能，由于 PTN 是基于二层进行转发的，协议处理层次低，转发效率高。基于 IP/MPLS 的承载网对带宽和光缆消耗严重，其面临着路由器不断扩容、网络保护、故障定位、故障快速恢复、操作维护等方面压力；而 PTN 网络能够很好地解决这些问题，提高链路的利用率，可显著降低网络建设成本。

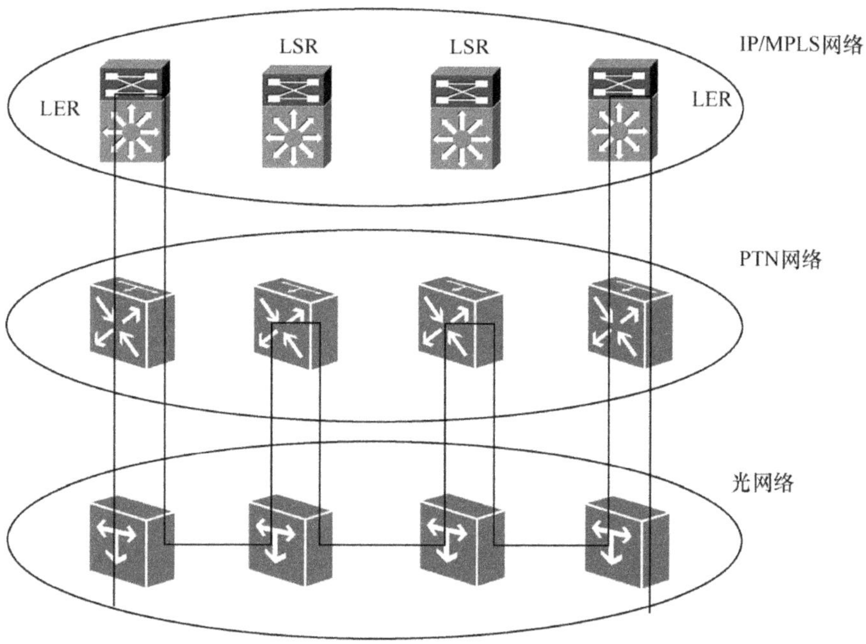

图 2-5　PTN 在核心网高速转发的应用示意图

2.2 MPLS 原理

2.2.1 MPLS 概述

MPLS（Multi-Protocol Label Switch，多协议标记交换）最初为提高路由器的转发速度而提出的一个协议，但是由于 MPLS 在流量工程（Traffic Engineering）和 VPN 这两项非常关键技术的应用中有独特优势，因此它在 IP 网络中占据日益重要的地位。

MPLS 协议的关键是引入了标签（Label）的概念，它是一种短的、易于处理的、不包含拓扑信息、只具有局部意义的信息内容。短的 Label 是为了易于处理，通常可以用索引直接引用。只具有局部意义是为了便于分配。熟识 ATM 的人可能很自然就想到 ATM 中的 VPI/VCI。可以这么说，ATM 中的 VPI/VCI 就是一种标签，所以说 ATM 实际上就是一种标签交换。

MPLS 早期工作集中在 IPv4 上，但其核心技术可扩展到多种网络协议上（如 IPv6、IPX、Apple-Talk、SNA 等）。MPLS 不局限于任何特定的链路层技术，它能在网络层实体间使用任意媒体传输网络层分组。

MPLS 报文转发是基于标签的。IP 包在进入 MPLS 网络时，MPLS 入口的边缘路由器分析 IP 包的内容并且为这些 IP 包选择合适的标签，然后所有 MPLS 网络中节点都以这个简短标签作为转发判决依据。当该 IP 包最终离开 MPLS 网络时，标签被出口的边缘路由器分离。

MPLS 作为一种标准，被路由器、PTN、路由交换机等多种设备支持，本节用路由器代表 MPLS 设备。

2.2.2　MPLS 的特点

2.2.2.1　传统 IP 转发的特征

传统 IP 转发具有如下特征。

（1）IP 通信基于 Hop by Hop（逐跳转发）的方式，如图 2-6 所示，数据包到达某路由器后根据路由表中的路由信息决定转发的出口和下一跳设备的地址，数据包被转发以后就不再受这台路由器的控制。数据包每到达一台路由器都是依靠当前所在的路由器的路由表中的信息做转发决定的。数据包能否被正确转发至目的取决于整条路径上所有的路由器是否都具备正确的路由信息。传统 IP 转发如图 2-6 所示。

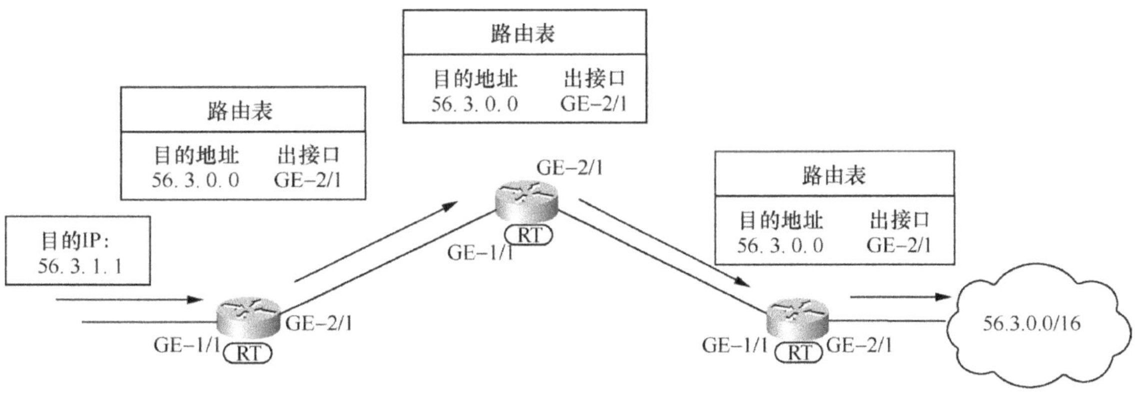

图 2-6　传统的 IP 转发

（2）报文在进行路由查找时采用的是最长匹配原则。所谓的最长匹配就是路由查找时，使用路由表中到达同一目的地的子网掩码最长的路由，因此无法实现高速转发。

（3）路由设备必须通过各种路由协议收集网络中的各网段信息，否则不能转发相应的报文。

（4）IP 是无连接网络，因此 QoS 无法得到有力的保障。

2.2.2.2　传统 ATM 转发的特征

传统 ATM 转发如图 2-7 所示，其具有如下特征。

（1）链路层选路，使用 VPI/VCI 便于硬件交换；

（2）面向连接，提供 QoS 保证；

（3）具有流量控制措施；

（4）支持多种业务类型，如实时业务。

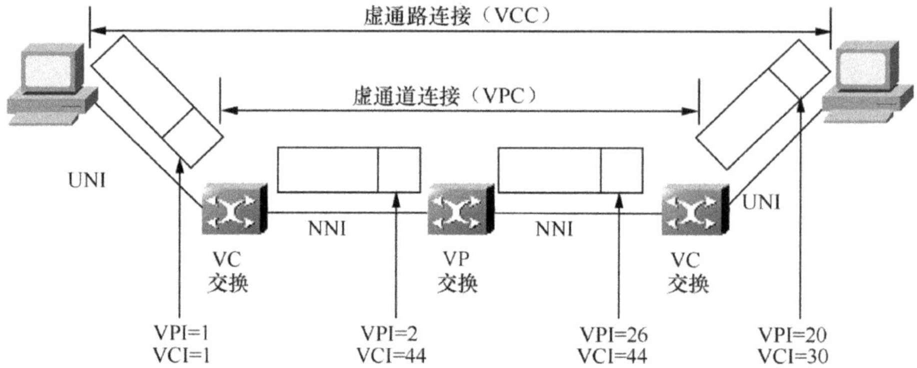

图 2-7　ATM 转发

2.2.2.3　MPLS 转发的特征

MPLS 采用简化的 ATM 技术，来完成第三层和第二层的转换。它可以为每个 IP 数据包提供一个标记，与 IP 数据包一起封装到新的 MPLS 数据包，由此决定 IP 数据包的传输路径以及优先顺序。

MPLS 路由器会在将 IP 数据包按相应路径转发之前读取该 MPLS 数据包的包头标记，而不会去读取每个 IP 数据包中的 IP 地址位等信息，因此数据包的交换转发速度大大加快，所以称 MPLS 为 2.5 层协议。

MPLS 可以使用各种第二层协议。MPLS 工作组到目前为止已经对在帧中继、ATM、PPP 链路以及 IEEE 802.3 局域网上使用的标记进行了标准化。MPLS 在帧中继和 ATM 上运行的一个好处是它为这些面向连接的技术带来了 IP 的任意连通性。

MPLS 网络工作的机制就是在 MPLS 网络外部通过 IP 进行三层路由查找，在 MPLS 网络内部通过对标签的查找实现二层交换。

MPLS 分层结构如图 2-8 所示。

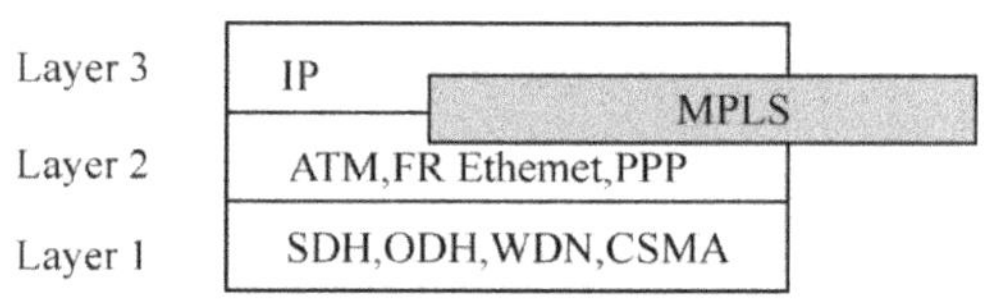

图 2-8　MPLS 分层结构

MPLS 技术具有如下特点。

（1）MPLS 为 IP 网络提供面向连接的服务。

（2）通过集成链路层（ATM、帧中继）和网络层路由技术，解决了 Internet 扩展、保证 IP QoS 传输的问题，提供了高服务质量的 Internet 服务。

（3）通过短小固定的标签，采用精确匹配寻径方式取代传统路由器的最长匹配寻径方式，提供了高速率的 IP 转发。

（4）在提供 IP 业务的同时，提供高可靠的安全和 QoS 保证。

（5）利用显式路由功能，同时通过带有 QoS 参数的信令协议建立受限标签交换路径（CR-LSP），因而能够有效地实施流量工程。

（6）利用标签嵌套技术 MPLS 能很好地支持 VPN。

2.2.3　MPLS 工作原理

MPLS 的工作原理是在 MPLS 域外采用传统的 IP 转发方式，在 MPLS 域内按照标签交换方式转发，无需查找 IP 信息。

在运行 MPLS 的网络内（即 MPLS 域内），路由器之间运行 MPLS 标签分发协议（如 LDP、RVSP 等），使 MPLS 域内的各设备都分配到相应的标签。

IP 数据包通过 MPLS 域的传播过程如下（见图 2-9）。

（1）入口边界 LER 接收数据包，为数据包分配相应的标签，用标签来标志该数据包。

（2）主干 LSR 接收到被标志的数据包，根据数据包中的标签查找标签转发表，使用标签转发表中与输入数据包中原有标签相对应的新的出站标签代替输入数据包中的标签。

（3）出口边界 LSR 接收到该标签数据包，并删除标签，对 IP 数据包执行传统的第三层查找。

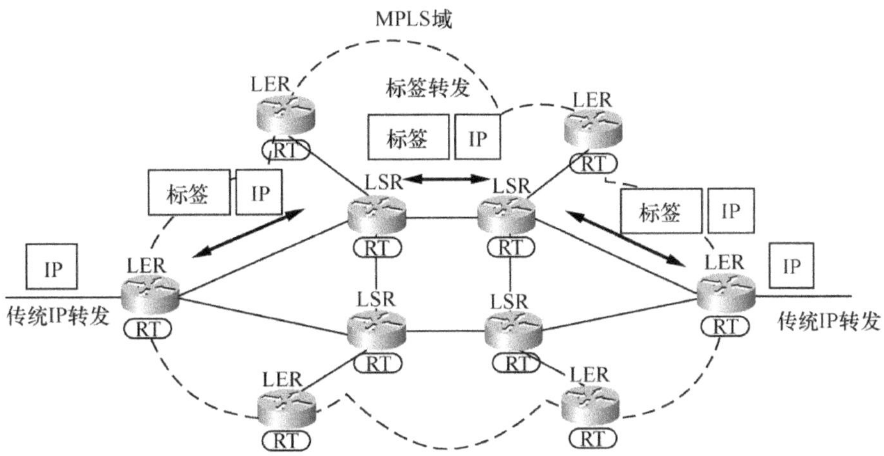

图 2-9　MPLS 域 IP 转发过程

2.2.4　MPLS 术语

在 MPLS 网络使用的术语之间的关系如图 2-10 所示。

1. 标签

标签是一个比较短的、定长的、通常只具有局部意义的标识，这些标签通常位于数据链路层的二层封装头和三层数据包之间，用于指导报文的转发。

2. 转发等价类

转发等价类（Forwarding Equivalence Class，FEC）是在转发过程中以等价的方式处理的一组数据分组，MPLS 规范规定：可以通过地址、隧道、COS 等来标识创建 FEC，但是在 MPLS 的实现中都是对应于路由来进行划分的，所以现在看到的 MPLS 中只是一条路由对应一个 FEC。通常在一台设备上，对一个 FEC 分配相同的标签。

3. 标签交换路由器

标签交换路由器（Label Switching Router，LSR）是 MPLS 的网络的核心路由器，它提供标签交换和标签分发功能。

4. 边缘标签交换路由器

边缘标签交换路由器（Label Switching Edge Router，LER）在 MPLS 的网络边缘，进入到 MPLS 网络的流量由 LER 分为不同的 FEC，并为这些 FEC 请求相应的标签。它提供流量分类和标签的映射、标签的移除功能。

5. 标签交换路径

标签交换路径（Label Switching Path，LSP）是一个 FEC 的数据流，在不同的节点被赋予确定的标签，数据转发按照这些标签进行。数据流所走的路径就是 LSP。

6. 标签分发协议

标签分发协议（LDP）是常用的标签分配协议，用于分配标签。

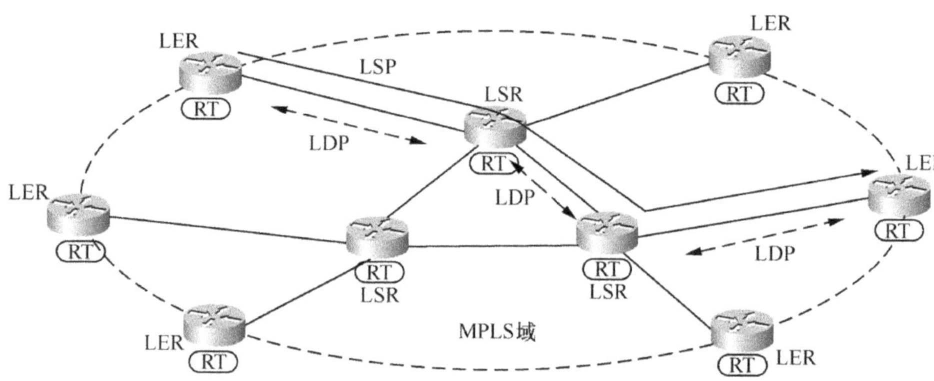

图 2-10　MPLS 术语图示

LER 是 MPLS 的主要处理单元，主要完成 FEC 的划分、LSP 建路发起、IP 包转发、服务质量标记等任务。LSR 只完成 LSP 的建立和下一跳改变的发起。LER 节点上运行动态路由协议。LER 完成与域外节点的路由交互，将学习到的路由加入路由表，以完成 LER 的 FEC 的生成，从而发起 LSP 的建立。LSR 与 LER 允许相同的动态路由协议，共同建立 LSP。

2.2.5　MPLS 标签

MPLS 标记是一个固定长度的整数，长度为 20bit/s，范围在 0～1048575 之间，用来识别某个特定的 FEC。

如图 2-11 所示，MPLS 标签封装于数据链路层分组头之后，所有网络层分组头之前，每个标记栈由下列字段组成。

（1）标记值（Label Value）：该字段为 20 bit/s，包含标记的实际值。

（2）优先级（EXP）：该字段为 3 bit/s，代表从 0～7 的 8 个优先级。

（3）栈底标志（S）：该位置为“1”表示相应的标记是标记栈中的最后一个条目（栈底），置“0”表示除栈底标记之外的所有其他标记栈条目。

（4）生存期（TTL）：该字段为 8 bit/s，用于生存时间值的编码。

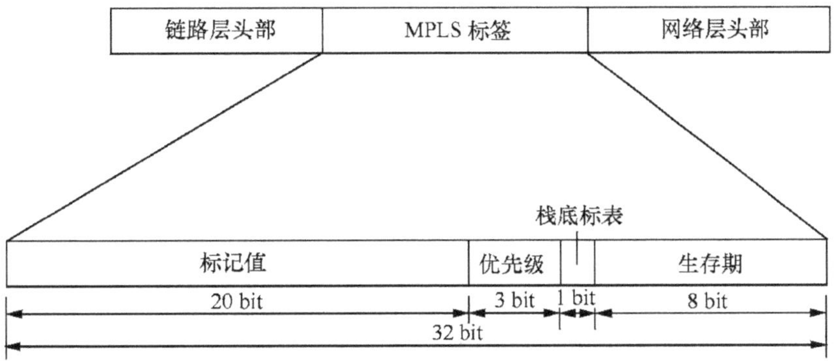

图 2-11　MPLS 标签结构

MPLS 支持多种数据链路层协议，标记栈都是封装在数据链路层信息之后，三层数据之前，如图 2-12 所示，只是每种协议对 MPLS 协议定义的协议号不同，比如，在以太网中使用 0x8847（单播）和 0x8848（组播）来标识承载的是 MPLS 报文。

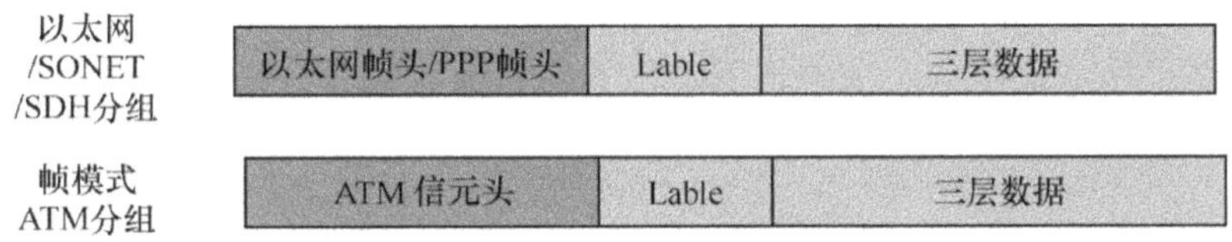

图 2-12　MPLS 标签封装

MPLS 标签中的栈底标志（S）使 MPLS 网络可以对报文嵌套多个标签，从理论上讲支持无限制的标签嵌套，称为标签堆栈，如图 2-13 所示，从而提供无限的业务支持能力。

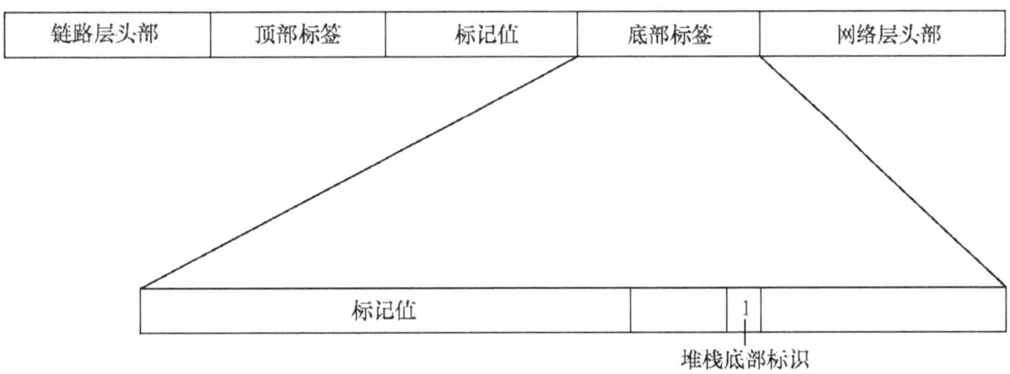

图 2-13　标签堆栈

当报文被打上多个标签时，LSR 对其进行先入先出的操作，即 LSR 仅根据最顶部的标签进行转发判断，而不查看内部标签。

正因为 MPLS 提供了标签嵌套技术，因此可应用于各种业务当中，MPLS VPN、流量工程等都是基于多层标签嵌套实现的。

2.2.6　转发等价类 FEC

MPLS 实际是一种分类转发技术，它将具有相同转发处理方式（目的地相同、使用的转发路径相同、具有相同的服务等级等）的分组归为一类，就是转发等价类（FEC）。

属于相同 FEC 的分组在 MPLS 网络中将获得完全相同的处理。在 LDP 的标签绑定（Label Binding）过程中，各种 FEC 将对应于不同的标签，在 MPLS 网络中，各个节点将通过分组的标签来识别分组所属的 FEC。

从图 2-14 中可以看到，当源地址相同、目的地址不同的两个分组进入 MPLS 网络时，MPLS 网络根据 FEC 对这两个分组进行判断，发现是不同的 FEC 则使用不同的处理方式（包括路径、资源预留等）时，则在入口节点处将其分归为不同类，打上不同的标签，送入 MPLS 网络。MPLS 网络内部的节点将只依据标签对分组进行转发，这两个分组在 MPLS 网络中获得的处理将完全相同。当这两个分组离开网络时，出口节点负责去掉标签，此后，两个分组将按照所进入的网络的要求进行转发。

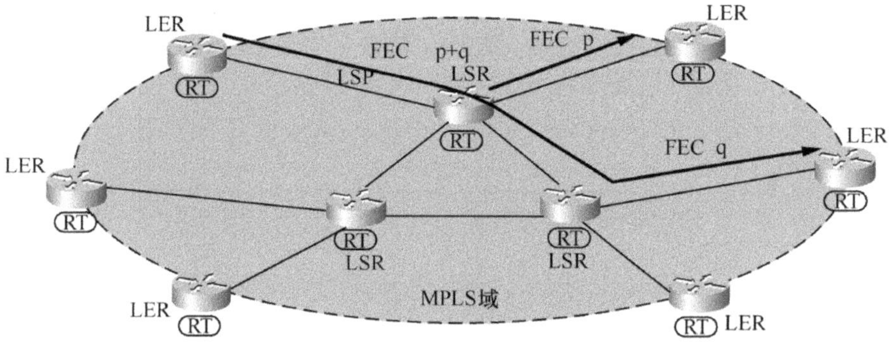

图 2-14　FEC

FEC=路由器将按相同方式处理的分组。目前最常见的就是根据路由表中的路由，匹配同一条路由的 IP 包，可认为按相同方式转发，就是一个 FEC。

FEC 的提出使网络具有了更大的适应性和扩展能力。

传统的路由转发中，分组在每个路由器中都是一个 FEC（如第三层查找），但在 MPLS 中仅在网络入口处给分组赋予一个 FEC。

2.2.7　标签交换路径

标签交换路径（LSP）是使用 MPLS 协议建立起来的分组转发路径。这一路径由标签分组源 LSR 与目的 LSR 之间的一系列 LSR 以及它们之间的链路构成，它类似于 ATM 中的虚电路。从另一个角度来说，LSP 的建立实际上就是路径上各个节点标签分配的过程。

分配标签并形成 LSP 需要使用到信令协议，目前最常用的是 LDP 协议。

在 MPLS 网络中，LSP 的形成分为 3 个过程。

（1）网络启动之后在路由协议（如 BGP、OSPF、IS-IS 等）的作用下，各个节点建立自己的路由表；

（2）根据路由表，各个节点在 LDP 的控制下建立标签交换转发信息库 LIB；

（3）将入口 LSR、中间 LSR 和出口 LSR 的输入输出标签互相映射拼接起来后，就构成了一条 LSP。

下面就举例讲述 LSP 建立的这 3 个过程。

第一个过程：路由表的形成

网络中各路由器在动态路由协议（如 OSPF）的作用下交互路由信息形成自己的路由表。如图 2-15 所示，A、B、C 三台路由器上都学习到边缘网络的路由信息 56.1.0.0/16，56.2.0.0/16 和 56.3.0.0/16。图中不同灰度箭头分别表示 3 个网段的路由传播途径。

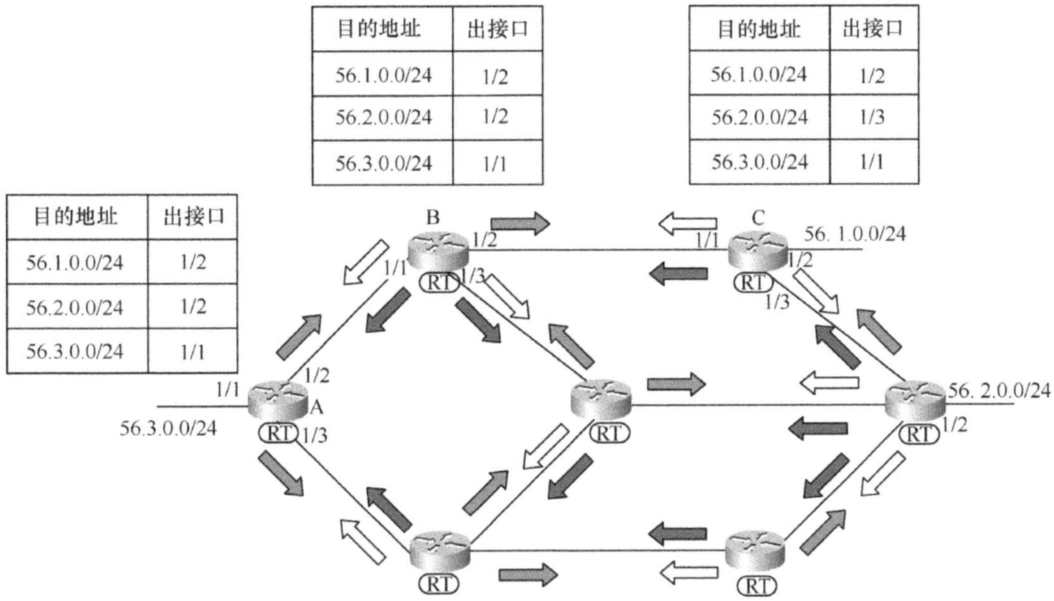

图 2-15 路由表形成过程

第二个过程：LIB（标签表）的形成

路由器之间运行标签分发协议来分配标签，每个路由器根据接收到的信息形成自己的 LIB，如图 2-16 所示。

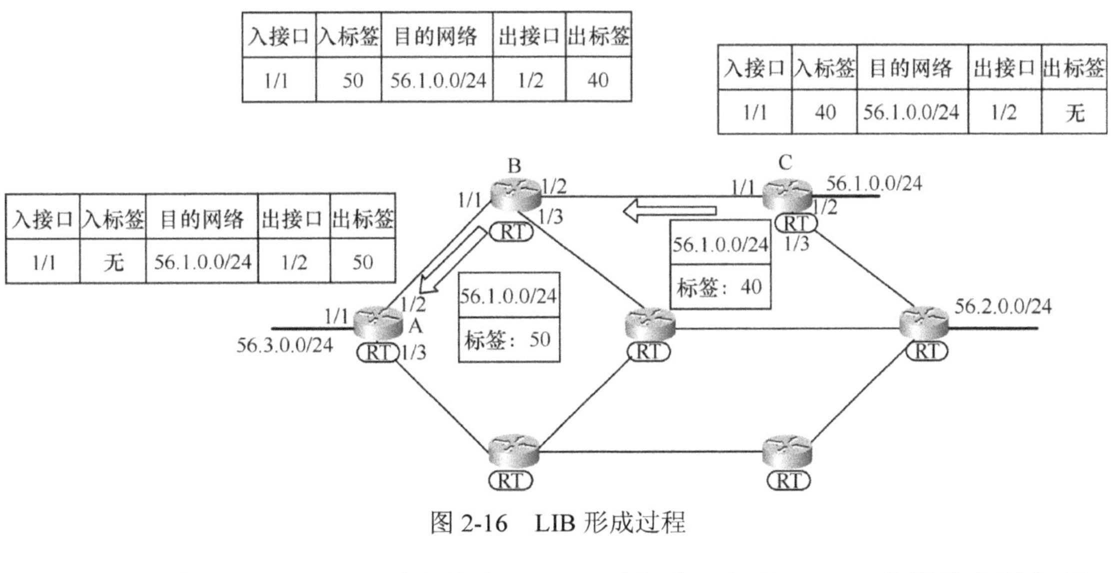

图 2-16 LIB 形成过程

路由器 C 作为 56.1.0.0/24 网段的出口 LSR 随机分配标签“40”，发送给上游邻居 B，并记录在标签交换转发数据库 LIB 中。当路由器 C 收到标记“40”的报文时就知道这是发送给 56.1.0.0/24 网段的信息。

当路由器 B 收到 C 发送的关于 56.1.0.0/24 网段及标签“40”的绑定信息后，将标签信息及接收端口记录在自己的 LIB 中，并为 56.1.0.0/24 网段随机分配标签发送给除接收端口外相应的邻居。假设 B 为 56.1.0.0/24 网段分配标签“50”发送给接口 1/1 的邻居 A。在 B 的 LIB 中就产生如下一条信息。

入接口	入标签	目的网络	出接口	出标签
1/1	50	56.1.0.0/24	1/2	40

该信息表示，当路由器 B 从接口 1/1 收到标记为“50”的报文时，将标记改为“40”并从接口 1/2 转发，不需要经过路由查找。

同理，A 收到 B 的绑定信息后将该信息记录，并为该网段分配标签。

这样就在 A、B、C 之间形成了关于 56.1.0.0/24 网段的标签交换路径 LSP。

第三个过程：LSP 的形成

随着标签的交互过程的完成，就形成了标签交换路径 LSP；当进行报文转发时只需按照标签进行交换，而不需要路由查找。

如图 2-17 所示，当路由器 A 收到一个目的地址为 56.1.1.1 的报文后，先查找路由表，再查找标签转发表，找到 FEC56.1.0.0/24 的对应标签“50”后，加入报文头部，从出端口 1/2 发送。

路由器 B 从接口 1/1 收到标记为“50”的报文后直接查找标签转发表，改变标签为“40”，从接口 1/2 发送。

路由器 C 从接口 1/1 收到标记为“40”的报文后查找标签转发表，发现是属于本机的直连网段，删除标签头部信息，发送 IP 报文。

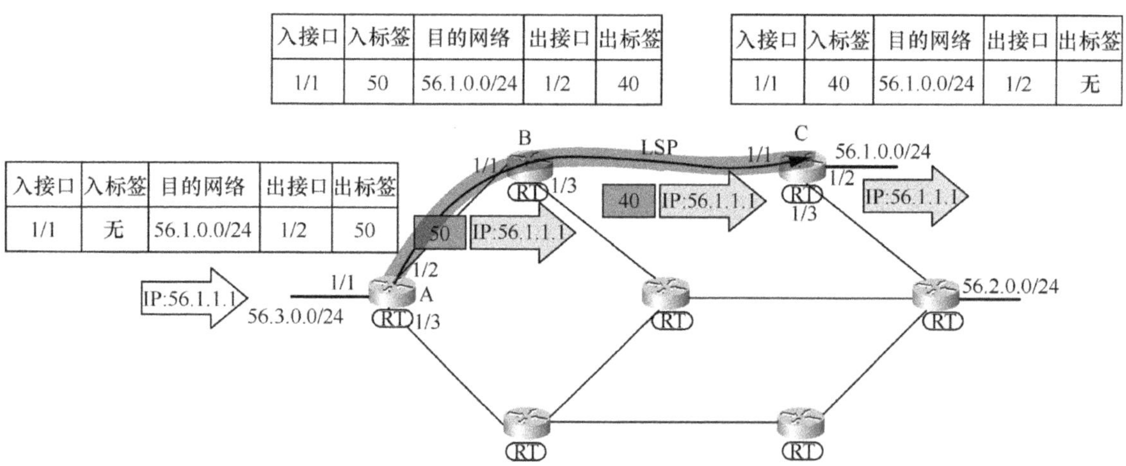

图 2-17　LSP 形成过程

2.2.8　倒数第二跳弹出

在到达路由出口 LSR 的前一跳，即倒数第二跳时，对标记分组不进行标记调换的操作，只做旧标记的弹出，然后传送没有标记的分组。因为最后一跳已是目的地址的输出端口，不再需要对标记分组按标记转发，而是直接读出 IP 分组组头，将 IP 分组传送到最终目的地址。这种处理方式，是保证 MPLS 全程所有 LSR 对需处理的分组只做一次查表处理，也便于转发功能的分级处理。

倒数第一跳分配标签时采用特殊标签 3。

如图 2-18 所示，C 是 56.1.0.0/24 网段的出口 LSR，因此 C 给 56.1.0.0/24 网段分配标签时使用特殊标签 3。当 B 收到 RC 分配的标签 3 时，就知道自己是倒数第二跳 LSR。

报文转发时，B 从 A 那里收到标签为“50”的报文时，因其对应的发送出标签是 3（POP），因此，B 将标签去除，直接从接口 1/2 发送 IP 报文。C 收到报文后因未携带标签，直接按照目的地址进行路由查找转发，无需再通过标签转发表查找。

入接口	入标签	目的网络	出接口	出标签
1/1	50	56.1.0.0/24	1/2	POP

目的地址	出接口
56.1.0.0/24	1/2
56.2.0.0/24	1/3
56.3.0.0/24	1/1

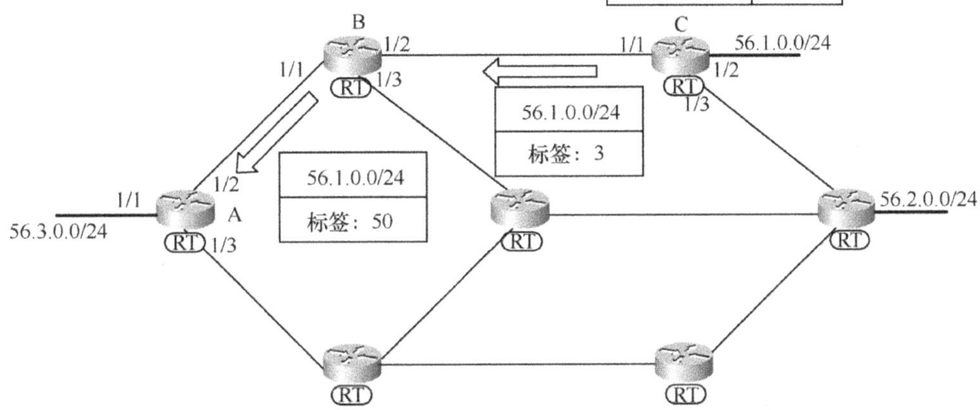

图 2-18　倒数第二跳弹出机制

2.3　MPLS-TP 原理

2.3.1　MPLS-TP 定义

MPLS-TP 是国际电信联盟（ITU-T）标准化的一种分组传送网（PTN）技术。

（1）MPLS-TP 解决了传统 SDH 在以分组交换为主的网络环境中效率低下的缺点。

（2）MPLS-TP 是借鉴 MPLS 技术发展而来一种传送技术。其数据是基于 MPLS-TP 标签进行转发的。

（3）MPLS-TP 是面向连接的技术。

（4）MPLS-TP 是吸收了 MPLS/PWE3（基于标签转发/多业务支持）和 TDM/OTN（良好的操作维护和快速保护倒换）技术的优点的通用分组传送技术。

（5）MPLS-TP 可以承载 IP、以太网、ATM、TDM 等业务，其不仅可以承载在 PDH/SDH/OTH 物理层上，还可以承载在以太网物理层上。

（6）MPLS-TP=MPLS + OAM–IP。

OAM 操作主要完成对日常网络和业务进行分析、预测、规划和配置的工作；维护主要是对网络及其业务的测试和故障管理等进行的日常操作活动。OAM 的主要功能如下。

① 性能监控并产生维护信息，根据这些信息评估网络的稳定性。

② 通过定期查询的方式检测网络故障，产生各种维护和告警信息。

③ 通过调度或者切换到其他的实体，旁路失效实体，保证网络的正常运行。

④ 将故障信息传递给管理实体。

丰富的 OAM 特性使得监控网络、故障排查、快速恢复变得更为容易。

MPLS-TP 是 MPLS 在传送网中的应用，它对 MPLS 数据转发面的某些复杂功能进行了简化，去掉了基于 IP 的无连接转发特性，并增加了传送风格的面向连接的 OAM 和保护恢复的功能，并将 ASON/GMPLS 作为其控制平面。

2.3.2 MPLS–TP 和 MPLS 的区别

MPLS-TP 作为 MPLS 的一个子集，为了支持面向连接的端到端的 OAM 模型，排除了 MPLS 很多无连接的特性。

MPLS-TP 和 MPLS 相比，它们的差别为：

（1）MPLS-TP 采用集中的网络管理配置或 ASON/GMPLS 控制面，MPLS 采用 IETF 定义的 MPLS 控制信令，包括 RSVP/LDP 和 OSPF 等。

（2）MPLS-TP 使用双向的 LSP，其将两个方向的单向的 LSP 绑定作为一个双向的 LSP，提供双向的连接。

（3）MPLS-TP 不支持倒数第二跳弹出（PHP），在 MPLS 网络中，PHP 可以降低边缘设备的复杂度，但是在 MPLS-TP 网络，PHP 破坏了端到端的特性。

（4）不支持 LSP 的聚合，LSP 的聚合意味者相同目的地址的流量可以使用相同的标签，其增加了网络的可扩展性，但也增加了 OAM 和性能监测的复杂度。LSP 聚合不是面向连接的概念。

（5）MPLS-TP 支持端到端的 OAM 机制，其参考 ITU-T 定义的 MPLS-TPOAM 标准，而 MPLS 的 OAM 为 IETF 定义了 VCCV 和 Ping 等。

（6）MPLS-TP 支持端到端的保护倒换，支持线性保护倒换和环网保护，MPLS 支持本地保护技术 FRR。

MPLS-TP 和 MPLS 的差别如表 2-1 所示。

表 2-1　MPLS-TP 与 MPLS 的差别

功能项	MPLS-TP	MPLS
控制信令	采用集中的网络管理配置或 ASON/GMPLS 控制面	采用 IETF 定义的 MPLS 控制信令，包括 RSVP/LDP 和 OSPF 等
LSP	使用双向的 LSP，提供双向的连接	使用单向 LSP
PHP	不支持倒数第二跳弹出（PHP）	支持倒数第二跳弹出（PHP）
LSP 聚合	不支持 LSP 的聚合	支持 LSP 的聚合
OAM	支持端到端的 OAM 机制	OAM 机制为 IETF 定义的 VCCV 和 Ping 等
保护	支持端到端的保护倒换，支持线性保护倒换和环网保护	支持本地保护技术 FRR

2.3.3　MPLS-TP 网络结构

MPLS-TP 分组传送网是建立端到端面向连接的分组的传送管道，将面向无连接的数据网改造成面向连接的网络。该管道可以通过网络管理系统或智能的控制面建立，该分组的传送通道具有良好的操作维护性和保护恢复能力。

MPLS-TP 作为面向连接的传送网技术，也满足 ITU-TG.805 定义的分层结构。

MPLS-TP 层网络的分层结构如图 2-19 所示，其由上至下可以分为如下几部分。

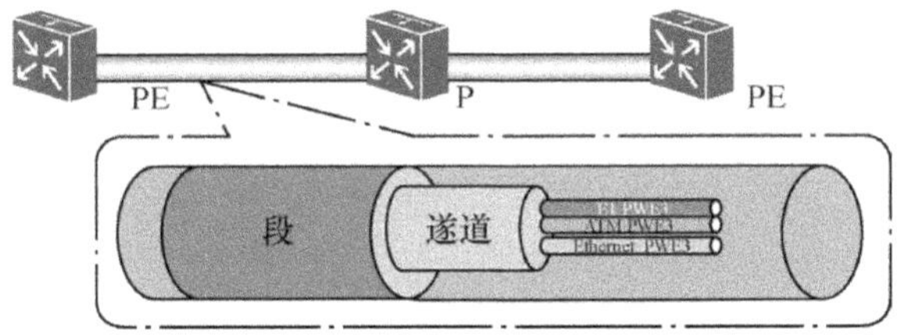

图 2-19　MPLS-TP 分层结构

（1）通道层（TMC）：为客户提供端到端的传送网络业务，客户信号封装在 TMC 中实现端到端的传送。通道层会有多个通道传送用户的多个业务。

（2）通路层（TMP）：表示端到端的逻辑连接的特性，提供传送网络隧道，将一个或多个客户业务封装到一个更大的隧道中，以便于传送网络实现更经济有效的传递、交换、OAM、保护和恢复。可以这样理解，起点、终点相同的业务，首先放入 TMC 分隔开，再放入 TMP 一同传送。

（3）段层（TMS）：段层可选，表示相邻节点间的虚连接，保证通路层在两个节点之间信息传递的完整性，比如 SDH、以太网或者波长通道。

（4）传输媒质层：支持段层网络的传输媒质，比如光纤、无线等。

2.3.4　MPLS-TP 的 3 个平面

MPLS-TP 网络分为层次清楚的 3 个层面：传送平面、管理平面和控制平面。传送平面又叫数据转发平面。

传送平面进行基于 MPLS-TP 标签的分组交换，并引入了面向连接的 OAM 和保护恢复功能。控制平面采用 GMPLS/ASON 进行标签的分发，建立标签转发通道，其与全光交换、TDM 交换的控制面融合，体现了分组和传送的完全融合。

3 个平面的功能划分如图 2-20 所示。

下面分别介绍 MPLS-TP 网络的 3 个平面的功能。

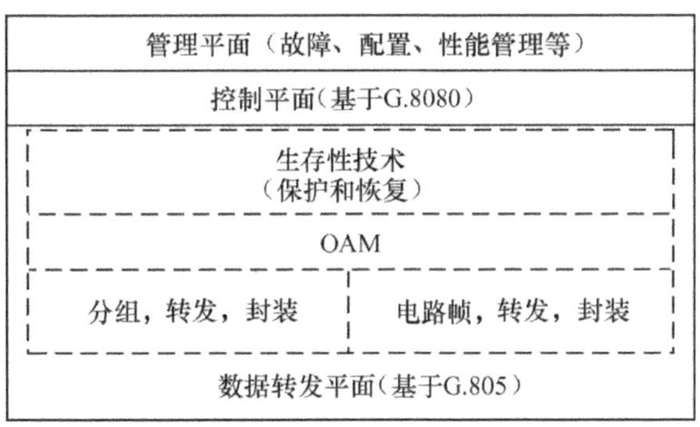

图 2-20　MPLS-TP 的 3 个平面功能展示

1. MPLS-TP 数据转发平面

数据转发平面提供从一个端点到另一个端点的双向或单向信息传送，监测连接状态

（如故障和信号质量），并提供给控制平面。

数据转发平面还可以提供控制信息和网络管理信息的传送。

MPLS-TP 数据转发平面的主要功能是根据 MPLS-TP 标签进行分组的转发，还包括 OAM 和保护。

2. MPLS-TP 管理平面

管理平面执行传送平面、控制平面以及整个系统的管理功能，它同时提供这些平面之间的协同操作。管理平面执行的功能包括：

① 性能管理；
② 故障管理；
③ 配置管理；
④ 计费管理；
⑤ 安全管理。

3. MPLS-TP 控制平面

MPLS-TP 的控制平面由提供路由和信令等特定功能的一组控制元件组成，并由一个信令网络支撑。控制平面元件之间的互操作性以及元件之间通信需要的信息流可通过接口获得。控制平面的主要功能如下。

① 通过信令支持建立、拆除和维护端到端连接的能力，通过选路为连接选择合适的路由。

② 网络发生故障时，执行保护和恢复功能。

③ 自动发现邻接关系和链路信息，发布链路状态信息（例如可用容量以及故障等）以支持连接建立、拆除和恢复。

控制平面结构不应限制连接控制的实现方式，如集中的或全分布的。

2.3.5 MPLS-TP 数据转发

利用网络管理系统或者动态的控制平面（ASON/GMPLS），建立从 PE1 经过 P 节点到 PE2 的 MPLS-TP 双层标签转发路径（LSP），包括通道层和通路层，通道层仿真客户信号的特征，并指示连接特征，通路层指示分组转发的隧道。MPLS-TPLSP 可以承载在以太网物理层中，也可以在 SDH VCG（虚级联组）中，还可以承载在 DWDM/OTN 的波长通道上。

以图 2-21 为例，说明分组业务在 MPLS-TP 网络中的转发。

客户 CE1 的分组业务（以太网、IP/MPLS、ATM、FR 等）在 PE1 边缘设备加上 MPLS-TP 标签 L1（双层标签），经过 P 中间设备将标签交换成 L2（双层标签，内层标签可以不交换），边缘设备 PE2 去掉标签，将分组业务送给客户 CE2。

这里为大家解释一下 CE、PE、P 等 PTN 组网中经常用到的术语。

① CE：客户侧边缘设备，用于接入用户网络或业务，并与 PE 连接；
② PE：运营商网络边缘设备，用于连接 CE 和运营商承载网；
③ P：运营商网络内部设备，负责用户业务在运营商内的转发。

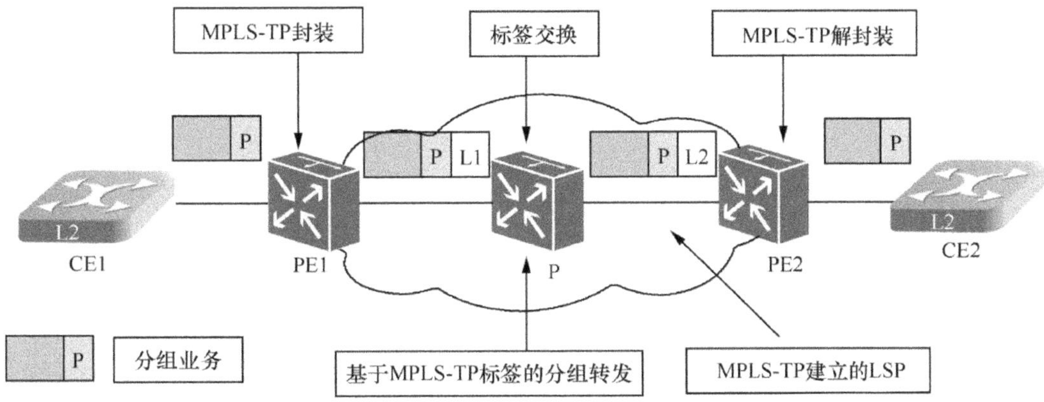

图 2-21　MPLS-TP 数据转发

运营商网络往往启用了 MPLS，用户业务通过 PE 进入 MPLS 的标签交换路径，仿佛进入了一条隧道一样，在网络另一侧 PE 离开隧道。隧道中传送的数据就像是独占了一条传送通道，这种形式被叫作 VPN（Virtual Private Network，虚拟专用网）。图 2-22 中深灰色线和浅灰色线的业务各自使用一条隧道，就是 2 个 VPN。

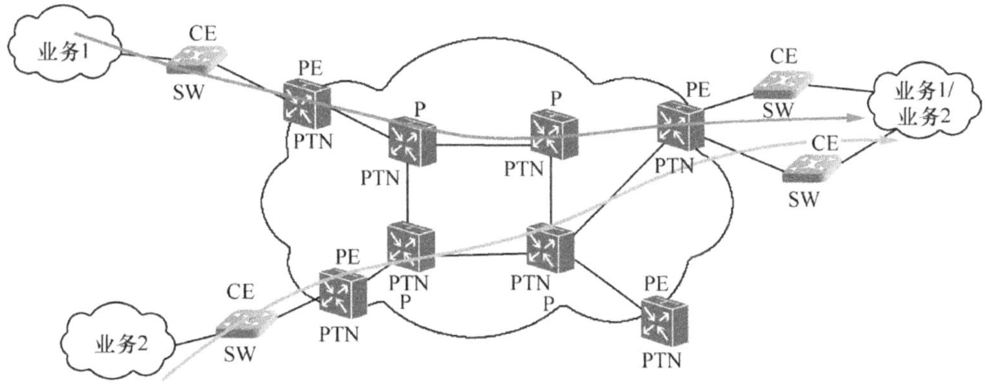

图 2-22　CE、PE、P 的关系

2.4　PWE3 原理

2.4.1　PWE3 概述

PWE3（Pseudo Wire Edge to Edge Emulation，端到端的伪线仿真）是一种端到端的二层业务承载技术。

（1）PWE3 在 PTN 网络中，可以真实地模仿 ATM、帧中继、以太网、低速 TDM 电路和 SONET/SDH 等业务的基本行为和特征。

（2）PWE3 以 LDP（Label Distribution Protocol）为信令协议，通过隧道（如 MPLS 隧道）模拟 CE 端的各种二层业务，如各种二层数据报文、比特流等，使 CE 端的二层数据在网络中透明传递。

（3）PWE3 可以将传统的网络与分组交换网络连接起来，实现资源共享和网络拓展。简单来说，就是在分组交换网络上搭建一个“通道”，实现各种业务的仿真及传送。

2.4.2 PWE3 工作原理

PW 是一种通过 PSN 把一个承载业务的关键要素从一个 PE 运载到另一个或多个 PEs 的机制。通过 PSN 上的一个隧道（IP/L2TP/MPLS）对多种业务（ATM、FR、HDLC、PPP、TDM、Ethernet）进行仿真，PSN 可以传输多种业务的数据净荷，这种方案里使用的隧道定义为伪线（Pseudo Wires，PW）。

PW 所承载的内部数据业务对核心网络是不可见的，从用户的角度来看，可以认为 PWE3 模拟的虚拟线是一种专用的链路或电路。PE1 接入 TDM/IMA/FE 业务，将各业务进行 PWE3 封装，以 PSN 网络的隧道作为传送通道传送到对端 PE2，PE2 将各业务进行 PWE3 解封装，还原出 TDM/IMA/FE 业务。

业务在 PW 中的封装过程如图 2-23 所示。

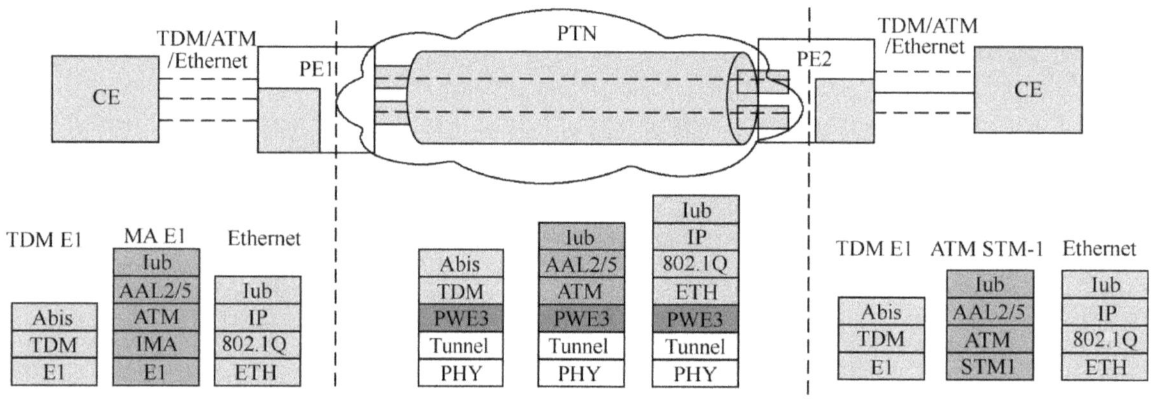

图 2-23　业务在 PW 中的封装

可以看出，发送端用户业务进入 PE1，被封装在 Tunnel 和 PW 里，进行传送，在接收端 PE2 解封装还原为原始数据格式发给 CE。Tunnel 就是隧道，代表 PE 与 PE 间一个独立而私密的连接。而 PW 是隧道中传送某一业务的逻辑链路或电路，就像一条管道，称为虚电路（VC）。一个隧道可以传送多个业务，每个业务需要一个独立的管道。生成隧道和伪线的技术，都是基于 MPLS 实现的，PTN 网络中用到 MPLS-TP。

2.4.3 PWE3 网络基本要素

PWE3 的业务参考模型如图 2-24 所示，其业务网络的基本传输构件包括：

① 接入链路（Attachment Circuit，AC）；

② 伪线（Pseudo wire，PW）；

③ 转发器（Forwarders）；

④ 隧道（Tunnels）；

⑤ 封装（Encapsulation）；

⑥ PW 信令协议（Pseudowire Signaling）；

⑦ 服务质量（Quality of Service）。

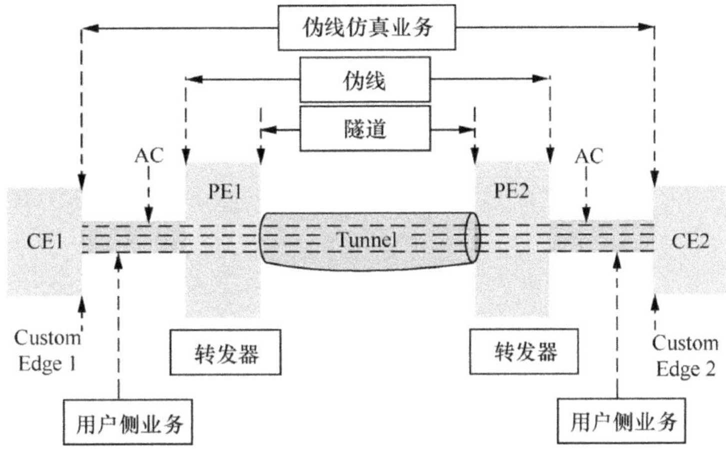

图 2-24　PWE3 的业务参考模型

下面详细解释 PWE3 业务网络基本传输构件的含义及作用。

（1）接入链路（Attachment Circuit，AC）

接入链路是指终端设备到承载接入设备之间的链路，或 CE 到 PE 之间的链路。在 AC 上的用户数据可根据需要透传到对端 AC（透传模式），也有需要在 PE 上进行解封装处理，将 payload 解出再进行封装后传输（终结模式）。

（2）伪线（Pseudo wire，PW）

伪线也可以称之为虚连接。简单地说，就是承载用户业务单元的管道。PW 对于 PWE3 系统来说，就像是一条本地 AC 到对端 AC 之间的一条直连通道，完成用户的二层数据透传。

（3）转发器（Forwarders）

PE 收到 AC 上传送的用户数据，由转发器选定转发报文使用的 PW，转发器事实上就是 PWE3 的转发表。

（4）隧道（Tunnels）

隧道用于承载 PW，一条隧道上可以承载一条 PW，也可以承载多条 PW。隧道是一条本地 PE 与对端 PE 之间的直连通道，完成 PE 之间的数据透传。

（5）封装（Encapsulation）

PW 上传输的报文使用标准的 PW 封装格式和技术。PW 上的 PWE3 报文封装有多种，在 IETF 的标准文档中有具体的定义。

（6）PW 信令协议（Pseudowire Signaling）

PW 信令协议是 PWE3 的实现基础，用于创建和维护 PW，目前，PW 信令协议主要有 LDP 和 RSVP。

（7）服务质量（Quality of Service，QoS）

根据用户二层报文头的优先级信息，映射成在公用网络上传输的 QoS 优先级来转发。

2.4.4　PWE3 报文转发

PWE3 建立的是一个点到点通道，通道之间互相隔离，用户二层报文在 PW 间透传。

（1）对于 PE 设备，PW 连接建立后，用户接入接口（AC）和虚链路（PW）的映射关系就已经完全确定了。

（2）对于 P 设备，只需要完成依据 MPLS 标签进行 MPLS 转发，不关心 MPLS 报文内部封装的二层用户报文。

下面以图 2-25 中 CE1 到 CE2 的 VPN1 报文流向为例，说明基本数据流走向。

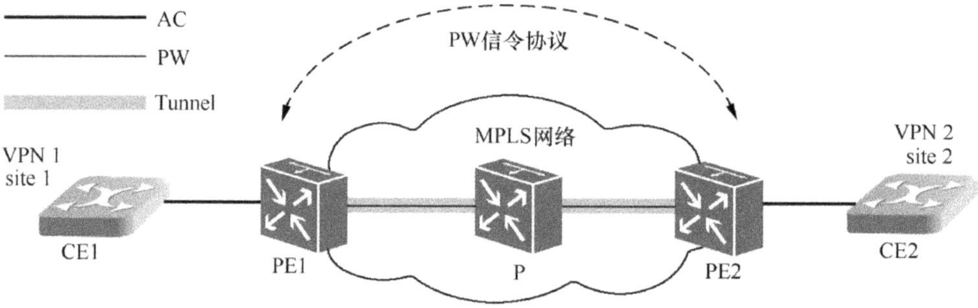

图 2-25 PWE3 报文转发示意

如图 2-25 所示，CE1 上送二层报文，通过 AC 接入 PE1，PE1 收到报文后，由转发器选定转发报文的 PW，系统再根据 PW 的转发表项加入 PW 标签，并送到外层隧道，经公网隧道到达 PE2 后，PE2 利用 PW 标签转发报文到相应的 AC，将报文最终送达 CE2。

2.4.5 PWE3 业务仿真

2.4.5.1 TDM 业务仿真

TDM 业务仿真的基本思想就是在分组交换网络上搭建一个“通道”，在其中实现 TDM 电路（如 E1 或 T1，从而使网络任一端的 TDM 设备不必关心其所连接的网络是否是一个 TDM 网络。分组交换网络被用来仿真 TDM 电路的行为称为“电路仿真”，如图 2-26 所示。

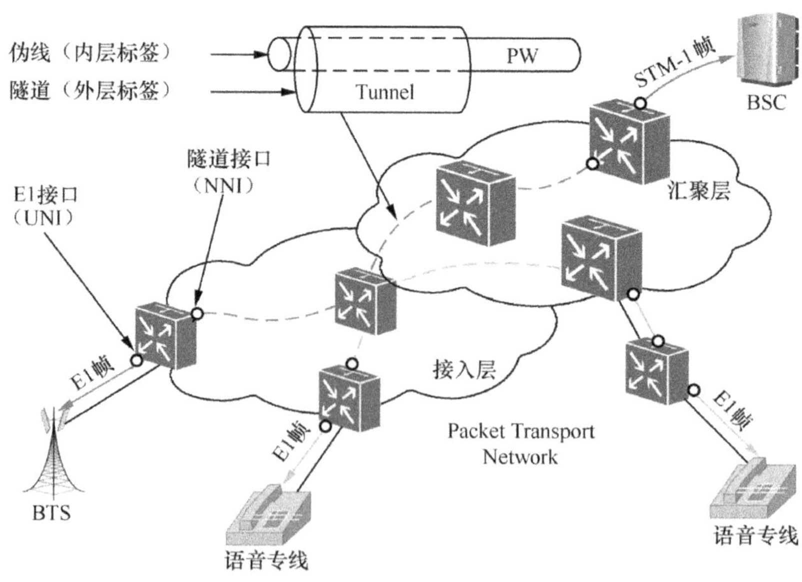

图 2-26 PWE3 的 TDM 业务仿真

TDM 业务仿真示意图如图 2-27 所示。

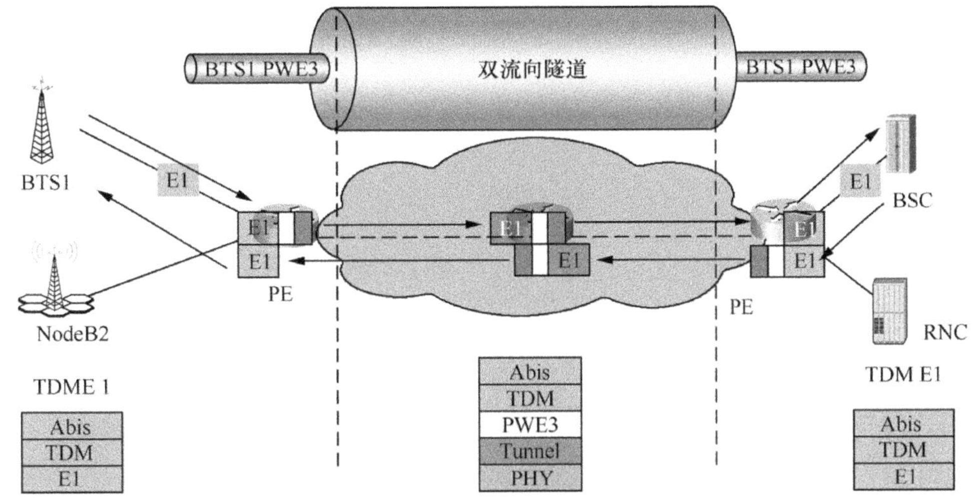

图 2-27　TDM 业务仿真示意图

PWE3 支持传统 TDM 业务的仿真传送，TDM 电路仿真要求在分组交换网络的两端都要有交互连接功能。在分组交换网络入口处，交互连接功能将 TDM 数据转换成一系列分组，而在分组交换网络出口处则利用这一系列分组再重新生成 TDM 电路。对于非结构化 TDM E1，采用透明传送的方式保持 E1 的完整性。对于结构化 TDM E1，支持空闲时隙压缩以节约带宽资源。

2.4.5.2　Ethernet 业务仿真

PWE3 对以太网业务的仿真与 TDM 业务相似，将以太网帧在 PWE3 中封装，穿过承载网后再剥离出来，如图 2-28 所示。

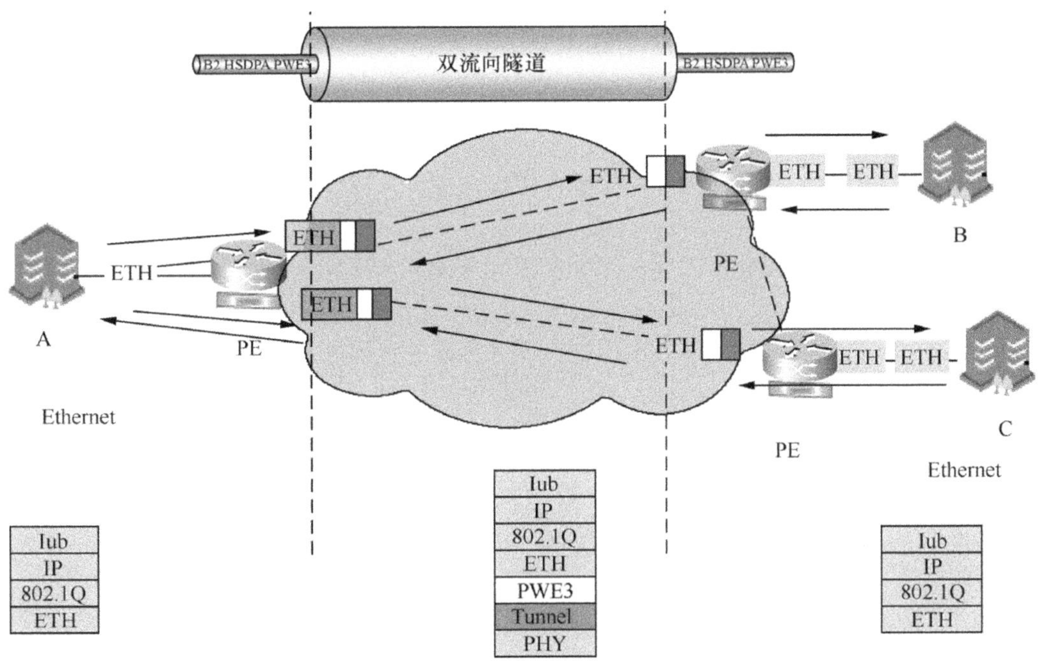

图 2-28　Ethernet 业务仿真示意图

第 3 章

OTN 基本原理

📖 **知识点**

OTN 是基于 DWDM 的技术。本章首先介绍 DWDM 的原理和技术标准，然后再介绍 OTN 的特点。

- DWDM 技术概述
- DWDM 结构及技术
- DWDM 相关技术标准
- OTN 概述
- OTN 网络层次划分
- OTN 硬件系统结构
- 系统信号流

3.1 DWDM 技术概述

3.1.1 DWDM 基本概念

DWDM（Dense Wavelength Division Multiplexing，密集波分复用）技术是在波长 1 550 nm 窗口附近，在 EDFA 能提供增益的波长范围内，选用密集但相互又有一定波长间隔的多路光载波，这些光载波各自受不同数字信号的调制，复合在一根光纤上传输，提高了每根光纤的传输容量。这些光载波的波长间隔为 0.8～2 nm，如图 3-1 所示。

DWDM 设备通常由 5 个部分组成，如图 3-2 所示。

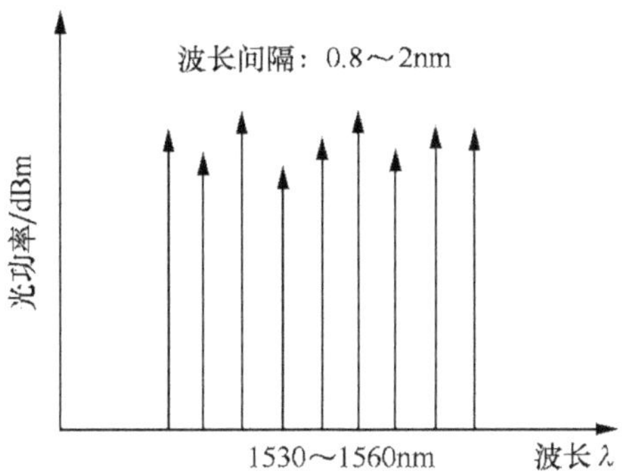

图 3-1 DWDM 载波波长间隔

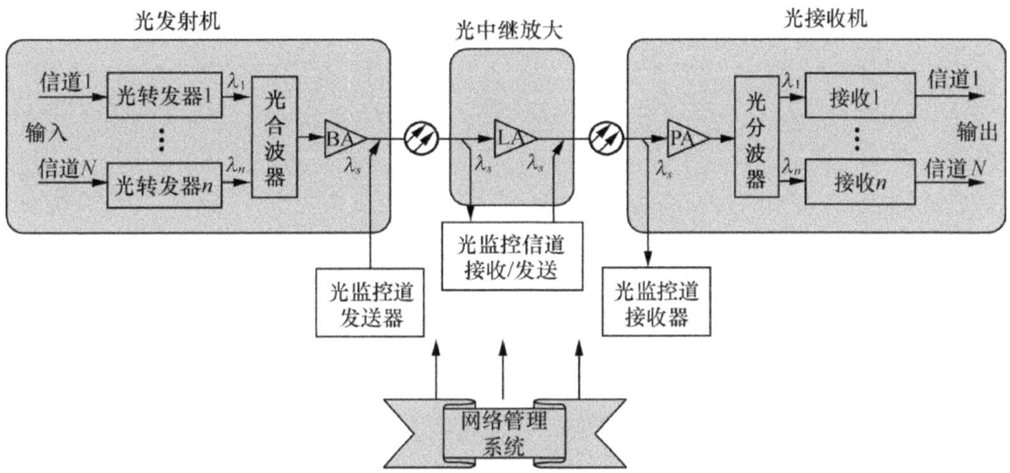

图 3-2 DWDM 系统组成

1. 光发射机端

由各复用通路的光发送机 TX_1，TX_n 分别发出具有不同标称波长的光信号（λ_1，λ_2，…，λ_n，对应的频率为 f_1，f_2，…，f_n）。每个光通路承载着不同的业务信号，如标准的 SDH 信号、ATM 信号、Ethernet 信号等。然后，由合波器将这些信号合并为一束光波后，由 OBA 输出到光纤中进行传输。

2. 光接收机端

线路光纤经过 OPA 放大后，用分波器分解光通路信号后，再分别输入到相应的各复用通路光接收机 RX1，…，RXn 中。

3. 光中继放大器端

光中继放大器位于光传输段的中间位置，由 OLA 对光信号进行放大。

4. 光监控信道

利用一个独立波长（1 510 nm）作为光监控通道，传送光监控信号。光监控信号用于承载 DWDM 系统的网元管理和监控信息，使网络管理系统能有效地对 DWDM 系统进行管理。

5. 网络管理系统

DWDM 系统的网络管理系统应当具有在一个平台上管理光放大单元（OBA、OLA、OPA）、波分复用器、波分转换器（OTU）、监控信道性能的功能，能够对设备进行性能、故障、配置以及安全等方面的管理。网络管理系统的信息由光监控通道中的监控信号承载。

3.1.2 DWDM 常见网元类型

DWDM 常见网元类型如图 3-3 所示，各网元介绍如下。

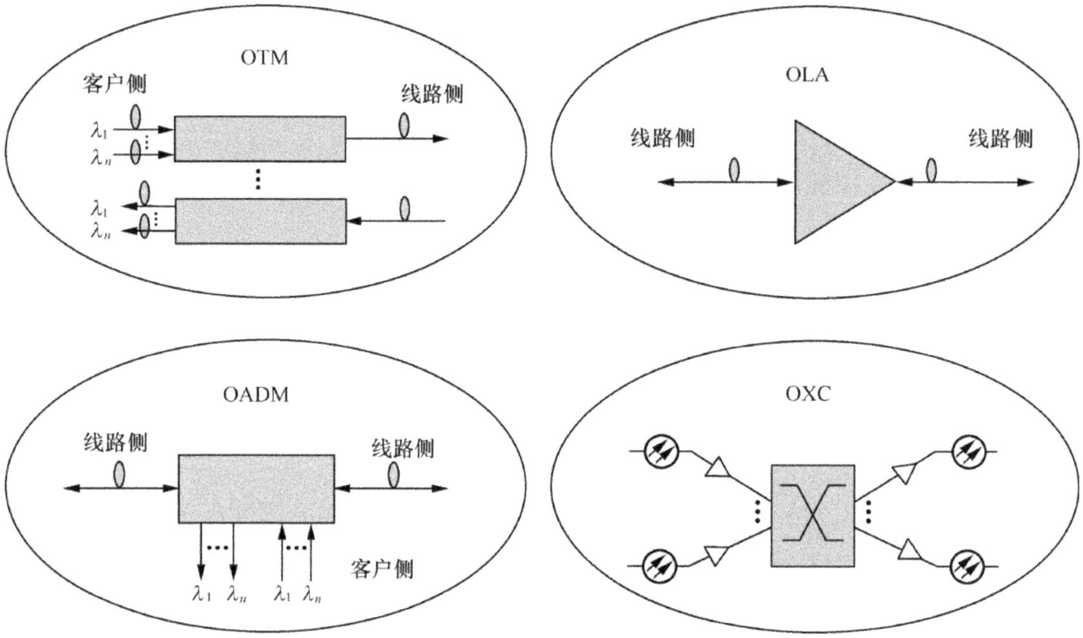

图 3-3 DWDM 常见网元类型

① OTM：光终端复用器，在线形网的端站，把客户侧信号复用成 DWDM 线路信号，或反之；

② OLA：光线路放大器，设在网络的中间局站，目的是延长传输距离，但不能上、下电路；

③ OADM：光分插复用器，设在网络的中间局站，完成直接上、下电路功能；

④ OXC：光交叉连接器，提供以波长为基础的连接功能，光通路的波长分插功能。

3.1.3 DWDM 的特点

DWDM 具有如下特点。

（1）大容量透明传输节约光纤资源。

① 多个光信号通过采用不同的波长复用到一根光纤中传输，如图 3-4 所示；

② 每个波长上承载不同信号：SDH 2.5 Gbit/s、SDH 10Gbit/s、ATM、IP 等；

③ 波分复用通道对数据格式是透明的。

（2）超长距离无电中继传输，降低成本。

长距离无电中继传输时，EDFA 的应用可以大大减少长途干线系统 SDH 中继器的数目，降低成本。距离越长，节省的成本就越多，如图 3-5 所示。

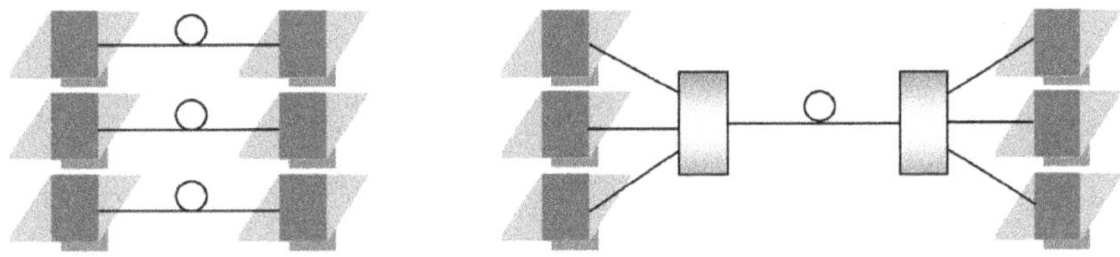

（a）SDH 技术　　（b）DWDM 技术

图 3-4　DWDM 节省光纤资源

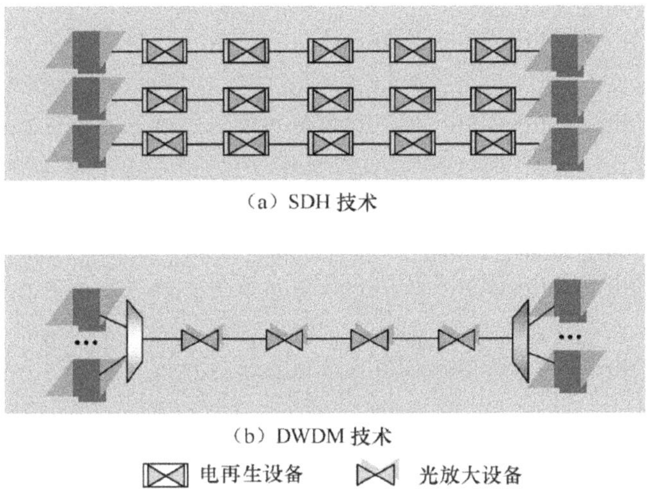

（a）SDH 技术

（b）DWDM 技术

图 3-5　DWDM 节省成本

3.2　DWDM 结构及技术

3.2.1　DWDM 系统结构

DWDM 系统就是把具有不同标称波长的几个或几十个光通路信号复用到一根光纤中进行传送，每个光通路承载一个业务信号。

一个单向 DWDM 系统的基本结构如图 3-6 所示。

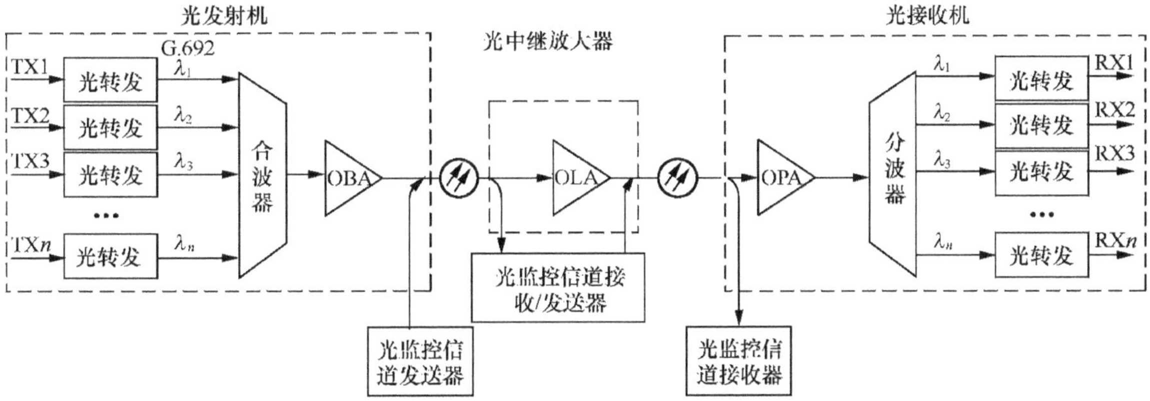

图 3-6　DWDM 系统组成示意图

3.2.2 光波分复用和解复用技术

光波分复用器与解复用器属于光波分复用器件，又称为合波器（OM）与分波器（OD），实际上是一种光学滤波器件。

在发送端，合波器的作用是把具有标称波长的各复用通路光信号合成为一束光波，然后输入到光纤中进行传输，即对光波起复用作用。

在接收端，分波器的作用是把来自光纤的光波分解成具有原标称波长的各复用光通路信号，然后分别输入到相应的各光通路接收机中，即对光波起解复用作用。

3.2.3 光放大技术

对于长距离的光传输而言，随着传输距离的增长，光功率逐渐减弱，激光器的光源输出通常不超过 3 dBm，否则激光器的寿命可能达不到要求，同时，为了保证信号的正确接收，接收端的接收功率也必须维持在一定的值上，例如-28 dBm。因此光功率受限成为决定传输距离的主要因素。

光放大器就是解决光功率受限问题的一种技术。它不需要经过光/电/光的变换而直接对光信号进行放大，分类如图 3-7 所示。

- 半导体光放大器
  - 谐振式
  - 行波式
- 光纤放大器
  - 掺稀土元素光纤放大器
    - 1550nm光纤放大器　如：掺铒光纤放大器（EDFA）
    - 1310nm光纤放大器　如：掺镨光纤放大器（PDFA）
  - 非线性光学放大器
    - 拉曼光纤放大器（SRA）
    - 布里渊光纤放大器（SBA）

图 3-7　光纤放大器的种类

3.2.4 监控技术

检测、控制和管理是所有网络运营最基本的要求，为了保证 DWDM 系统的安全运营，在物理上，将监控系统设计成独立于工作信道与设备的单独体系。

DWDM 系统使用单独的一个波长（1 510 nm），不依赖于任何一个业务信道，保证长距离无需进行有源放大，提高了可靠性，最终实现对系统上各网元设备的监管。

3.3 DWDM 相关技术标准

3.3.1 工作波长范围

石英光纤有 3 个低损耗窗口：860 nm 窗口、1 310 nm 窗口和 1 550 nm 窗口，如图 3-8 所示。

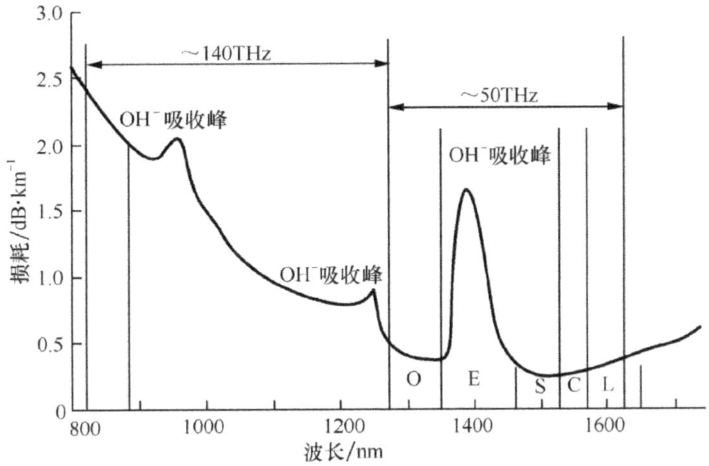

O—Original Band，原始波段；E—Extend Band，扩展波段；S—Short Band，短波段；
C—Conventional Band，常规波段；L—Long Band，长波段

图 3-8 光纤通信中的低损窗口

1. 860 nm 窗口

860 nm 窗口的波长范围为 600～900 nm，主要用于多模光纤，传输损耗较大（平均损耗 2 dB/km）。一般适用于短距的接入网环境，如光纤通道（FC）业务。

2. 1 310 nm 窗口

1 310 nm 窗口的工作范围为 1 260～1 360 nm，平均损耗 0.3～0.4 dB/km。

1 310 nm 窗口可用于 STM-N 信号（N=1，4，16）的局内、短距和长距通信，光源类型采用多纵模激光器（MLM）和发光二极管（LED）。由于目前尚无工作于 1 310 nm 窗口的宽带光放大器，所以不适用于 DWDM 系统。

3. 1 550 nm 窗口

1 550 nm 窗口的工作波长位于 1 460～1 625 nm，平均损耗 0.19～0.25 dB/km。

1 550 nm 窗口的损耗最低，可用于 SDH 信号的短距和长距通信。同时，由于目前常用的光放大器 EDFA 在该窗口具有良好的增益平坦度，因此，1 550 nm 窗口也适用于 DWDM 系统。

1 550 nm 窗口的工作波长分为 3 部分（S 波段、C 波段和 L 波段），波长范围如图 3-9 所示。

其中，C 波段（1 530～1 565 nm）常用于 40 波以下 DWDM 系统和 80 波 DWDM 系统（频道间隔 50 GHz；L 波段（1 565～1 625 nm）用于 80 波以上 DWDM 系统的工作波长区。频道间隔为 50 GHz。

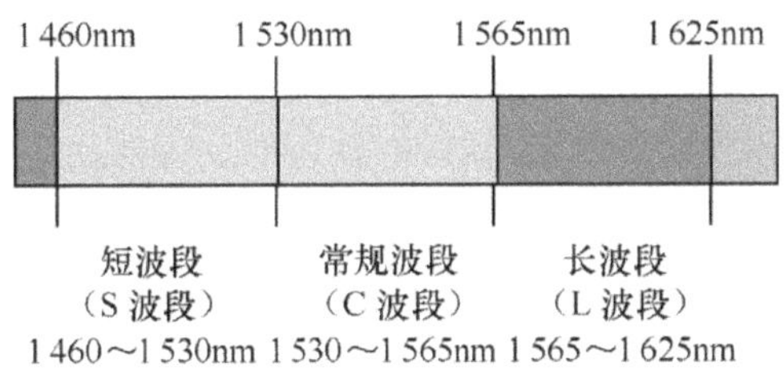

图 3-9 1 550 nm 窗口的工作波长划分

3.3.2 DWDM 系统的工作波长

以下按 DWDM 系统的复用通道的数量，分别介绍不同系统的工作波长范围、频率范围、通路间隔、中心频率偏差。

1. 8/16/32/40/48 波系统

工作波长范围：C 波段（1 530～1 565 nm）；
频率范围：191.3～196.0 THz；
通路间隔：100 GHz；
中心频率偏差：±20 GHz（速率低于 2.5 Gbit/s）；±12.5 GHz（速率 10 Gbit/s）。

2. 80/96 波系统

工作波长范围：C 波段（1 530～1 565 nm）；
频率范围：C 波段（191.30～196.05 THz）；
通路间隔：50 GHz；
中心频率偏差：±5 GHz。

3. 160/176 波系统

工作波长范围：C 波段（1 530～1 565 nm）+L 波段（1565～1625 nm）；
频率范围：C 波段（191.30～196.05 THz），共 96 波；
L 波段（186.95～190.90 THz），共 80 波；
通路间隔：50 GHz；
中心频率偏差：±5 GHz。

3.3.3 DWDM 系统的性能指标

1. 通路间隔

通路间隔是指两个相邻复用通路之间的标称频率差，包括均匀通路间隔和非均匀通路间隔。目前，多数采用均匀通路间隔。

DWDM 系统最小通路间隔为 50 GHz 的整数倍。

- 复用通路为 16/32/40/48 波时，通路间隔为 100 GHz。
- 复用通路为 80 波以上时，通路间隔为 50 GHz。

采用的通路间隔越小，要求分波器的分辨率越高，复用的通路数也越多。

2. 标称中心频率

标称中心频率是指 DWDM 系统中每个复用通路对应的中心波长（频率）。

例如，当复用通路为 16/32/40 波时，第 1 波的中心频率为 192.1 THz，通路间隔为 100 GHz，频率向上递增。

3.4 OTN 概述

SDH/SONET 和 WDM 技术是目前传送网使用的主要技术。SDH/SONET 偏重于业务电层的处理，以 VC 交叉调度、同步和单通道线路为基本特征，为子速率业务（E1/T1/E3/T3/STM-N）提供接入、复用、传送、灵活的调度、管理以及保护；WDM 则专注于业务光层的处理，以多通道复用/解复用和长距离传输为基本特征，为波长级业务提供低成本传送。

3.4.1 OTN 概念

1998 年，国际电信联盟电信标准化部门（ITU-T）正式提出了 OTN 的概念。从其功能上看，OTN 在子网内可以以全光形式传输，而在子网的边界处采用光/电/光转换。这样，各个子网可以通过 3R 再生器连接，从而构成一个大的光网络

OTN 是由 ITU-T G.872、G.798、G.709 等建议定义的一种全新的光传送技术体制，它包括光层和电层的完整体系结构，对于各层网络都有相应的管理监控机制和网络生存性机制。OTN 的思想来源于 SDH/SONET 技术体制（例如映射、复用、交叉连接、嵌入式开销、保护、FEC 等），把 SDH/SONET 的可运营、可管理能力应用到 WDM 系统中，同时具备了 SDH/SONET 灵活可靠和 WDM 容量大的优势。

3.4.2 OTN 优点

OTN 作为新一代数字传送网，它究竟能带来哪些益处呢？

1. OTN 的透明传送能力

随着需要业务透明传输的应用越来越多，大部分运营商之间的业务希望能够透传，如移动运营商的业务，来自于其他国家运营商的过境业务，或大的因特网服务提供商的业务。

2. 支持多种客户信号的封装传送

OTN 帧可以支持多种客户信号的映射，如 SDH/SONET、ATM、GFP、虚级联、ODU 复用信号，OTN 是目前业界唯一能在 IP/以太网交换机和路由器间全速传送 10 Gbit 以太网业务的传送平台。在目前迅速向以 IP/以太网为基础业务架构的演化中，OTN 也越来越成为网络运营商首选的传送平台。

3. 交叉连接的可升级性

自从 20 世纪 80 年代中期以传送语音业务为最初目的的 SONET/SDH/SONET 数字传送技术开始应用以来，以 VC-11/VC-12 作为低阶交叉粒度直接支持 T1/E1 语音信号，而以 VC-3/VC-4 作为高阶交叉粒度实现对业务工程管理（Traffic Engineering），更高比特率的交叉粒度还没有出现。而今单路数字信号速率已经发展到了 40 Gbit/s，例如要实现 4 个 10 Gbit/s SDH 支路信号到一路 40 Gbit/s SDH 线路信号的复用，即使用高阶交叉粒度如 VC-4 来实现交叉连接，也需要对 256 个 VC-4 进行处理。这种复用方案不仅使硬件设计复杂，而且管理和操作也是一个很大的负担。但 OTN 为这个例子提供了极为简单的方案，每个 10 Gbit/s SDH 信号先映射入 OTN ODU2 中，然后 4 个 ODU2 复成一个 ODU3，就可以在线路传输了。这个过程相对比较简单，管理操作也容易得多。

4. 强大的带外前向纠错功能

OTN 的一大特点就是具有很强的前向纠错功能（FEC）。G.709 在完全标准化的光通道传输单元（OTUk）中使用了 Reed-SolomonRS (255, 239)（简称 RS-FEC）算法的 FEC，并在每个 OTUk 帧中使用 4×256 个字节的空间来存放 FEC 计算信息。RS-FEC 在 G.975 中定义，最初是应用在海底光缆传送应用中，其能在误码率为 10^{-15} 的水平上提供超过 6 dB 的 OSNR 净编码增益。

5. 串连监控

为了便于监测 OTN 信号跨越多个光学网络时的传输性能，ODUk 的开销提供了多达 6 级的串连监控（Tandem Connection Monitoring，TCM1-6）。TCM1-6 字节类似于 PM 开销字节，用来判断当前信号是否是维护信号（ODUk-LCK、ODUk-OCI、ODUk-AIS）等。

表 3-1 为 OTN 与其他光传输技术的对比。

表 3-1　OTN 与其他光传输技术的对比

	SDH/SONET	传统 WDM	OTN
调度功能	支持 VC12/VC4 等颗粒的电层调度	支持波长级别的光层调度	统一的光电交叉平台，交叉颗粒为 ODUk/波长
系统容量	容量受限	超大容量	超大容量
传输性能	距离受限，需要全网同步	长距离传输，有一定的 FEC 能力，不需要全网同步	长距离传输，更强大的 FEC，不需要全网同步
监控能力	OAM 功能强大，不同层次的通道实现分离监控	只能进行波长级别监控或者简单的字节检测	• 通过光电层开销，可实现对各层级网络的监控 • 6 级串行连接管理，适用于多设备商/多运营网络的监控管理
保护功能	电层通道保护、SDH 复用段保护	光层通道保护、线路侧保护	丰富的光层和电层通道保护、共享保护
智能特性	可以支持电层智能调度	对智能兼容性差	可以支持波长级别和 ODUk 级别的智能调度

3.5　OTN 网络层次划分

3.5.1　OTN 网络结构

如图 3-10 所示，OTN 网络结构由光通道层（Optical Channel Layer，OCh）、光复用段层（Optical Multiplex Section Layer，OMS）、光传输段层（Optical Transmission Layer，OTS）组成，按照建议 G.872，光传送网中加入光层，光层由光通道层、光复用段层和光传输段层组成。

1. 光通道层

光通道层（OCh）负责为来自电复用段层的客户信息选择路由和分配波长，为灵活的网络选路安排光通道连接，处理光通道开销，提供光通道层的检测、管理功能。并在故障发生时通过重新选路或直接把工作业务切换到预定的保护路由来实现保护倒换和网络恢复。

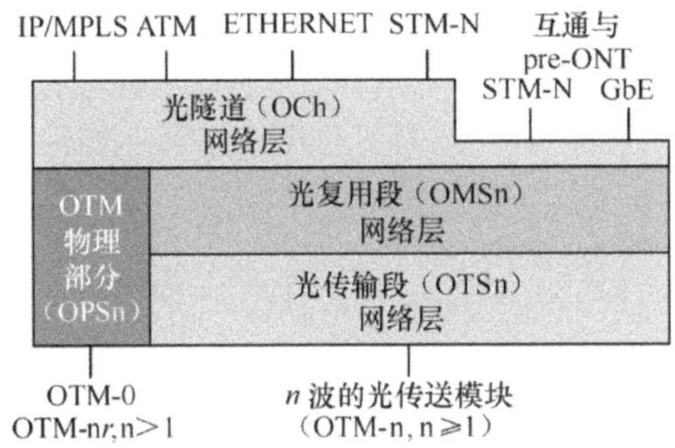

图 3-10　OTN 网络结构

2. 光复用段层

光复用段层（OMS）负责保证相邻两个波长复用传输设备间多波长复用光信号的完整传输，为多波长信号提供网络功能。其主要功能包括：为灵活的多波长网络选路重新安排光复用段功能；为保证多波长光复用段适配信息的完整性处理光复用段开销；为网络的运行和维护提供光复用段的检测和管理功能。

3. 光传输段层

光传输段层（OTS）为光信号在不同类型的光传输媒介（如 G.652、G.653、G.655 光纤等）上提供传输功能，同时实现对光放大器或中继器的检测和控制功能等。通常会涉及以下问题：功率均衡问题、EDFA 增益控制问题、色散的积累和补偿问题。

3.5.2　OTM 的结构

G.709 定义了两种光传送模块 OTM-n，一种是完全功能光传送模块 OTM-n.m，另一种是简化功能光传送模块 OTM-0.m 和 OTM-nr.m

全功能光传送模块 OTM-n.m (n≥1)包括以下层面。

① 光传送段（OTSn）；
② 光复用段（OMSn）；
③ 全功能光通路（OCh）；
④ 完全或功能标准化光通路传送单元（OTUk/OTUkV）；
⑤ 光通路数据单元（ODUk）。

简化功能光传送模块 OTM-nr.m 和 OTM-0.m 包括以下层面。

① 光物理段（OPSn）；
② 简化功能光通路（OChr）；
③ 完全或功能标准化光通路传送单元（OTUk/OTUkV）；
④ 光通路数据单元（ODUk）。

OTM-n.m 定义了 OTN 透明域内接口，而 OTM-nr.m 定义了 OTN 透明域间接口。这里 m 表示接口所能支持的信号速率类型或组合，n 表示接口传送系统允许的最低速率信号时所能支持的最多光波长数目。当 n 为 0 时，OTM-nr.m 即演变为 OTM-0.m，这时物理接口只是单个无特定频率的光波。

光传送模块 OTM-n 是支持 OTN 接口的信息结构，定义了两种结构，如图 3-11 所示。

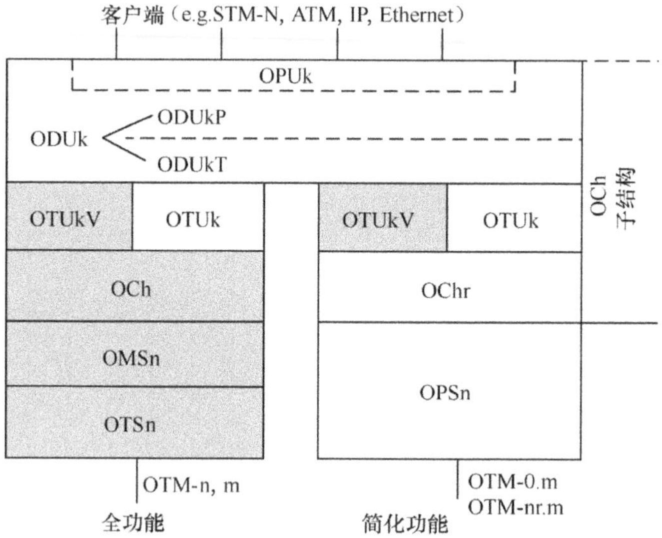

图 3-11　OTM 的结构

OPUk、ODUk、OTUk、OCC、OMSn、OTSn 都是 G.709 协议中的数据适配器，可以理解成一种特定速率的帧结构，相当于 SDH 复用中的各种虚容器（VC12/VC3/VC4。从客户业务适配到光通道层（OCh），信号的处理都是在电域内进行，包含业务负荷的映射复用、OTN 开销的插入，这部分信号处理处于时分复用（TDM）的范围。从光通道层（OCh）到光传输段（OTS），信号的处理是在光域内进行，包含光信号的复用、放大及光监控通道（OOS/OSC）的加入，这部分信号处理处于波分复用（WDM）的范围。

在波分复用传送系统中，输入信号是以电接口或光接口接入的客户业务，输出是具有 G.709 OTUk[V]帧格式的 WDM 波长。OTUk 称为完全标准化的光通道传送单元，而 OTUkV 则是功能标准化的光通道传送单元。G.709 对 OTUk 的帧格式有明确的定义。

（1）光通道净荷单元（Optical Channel Payload Unit，OPU），提供客户信号的映射功能。

（2）光通道数据单元（Optical Channel Data Unit，ODU），提供客户信号的数字包封、OTN 的保护倒换、提供踪迹监测、通用通信处理等功能。

（3）光通道传输单元（Optical Channel Transport Unit，OTU），提供 OTN 成帧、FEC 处理、通信处理等功能。波分设备中的发送 OTU 单板完成了信号从 Clinet 到 OCC 的变化；波分设备中的接收 OTU 单板完成了信号从 OCC 到 Clinet 的变化。

3.5.3　映射

输入信号是以电接口或光接口接入的客户业务，输出是具有 G.709 OTUk[V]帧格式的 WDM 波长。OTUk 称为完全标准化的光通道传送单元，而 OTUk[V]则是功能标准化的光通道传送单元。

如图 3-12 所示，客户侧信号进入 Client，Client 对外的接口就是 DWDM 设备中的 OTU 单板的客户侧，其完成了从客户侧光信号到电信号的转换。Client 加上 OPUk 的开销就变成了 OPUk；OPUk 加上 ODUk 的开销就变成了 ODUk；ODUk 加上 OTUk 的开销和 FEC 编码就变成了 OTUk；OTUk 映射到 OCh[r]，最后 OCh[r]被调制到 OCC，OCC 完成了 OTUk 电信号到发送 OTU 的波分侧发送光口送出光信号的转换过程。

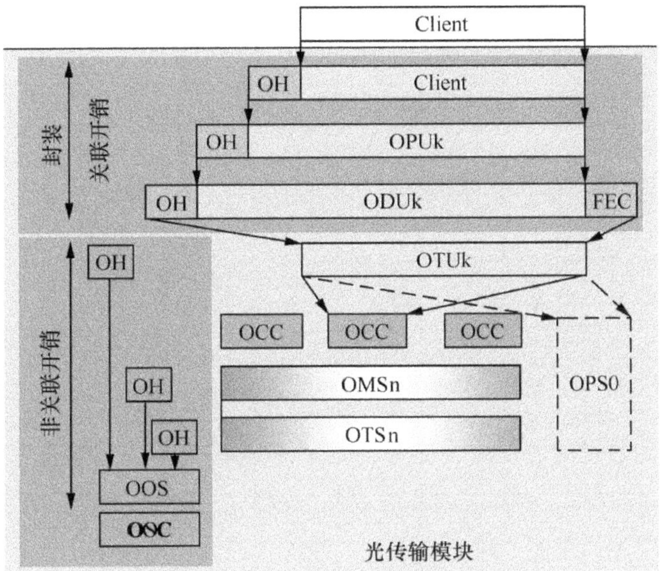

图 3-12　客户信号到 OTM 的适配过程

3.5.4　比特速率和容量

SDHSTM-N 帧周期均为 125 μs，对于不同速率的信号，其帧的大小是不同的。与 SDH/SONET 不同的是，对于不同速率的 G.709OTUk 信号，G.709 帧的结构和长度不变，不同速率等级 OTN 的帧周期不一样，脱离了 SDH 基本的 8K 帧周期。即 OTU1、OTU2 和 OTU3 具有相同的帧尺寸，都是 4×4080 B，但每帧的周期是不同的。OTUk、ODUk 和 OPUk 的速率如表 3-2～表 3-5 所示。

表 3-2　OTU 类型及容量

OTU 类型	OTU 额定比特率	OTU 比特率容差
OTU1	255/238×2 488 320 kbit/s	142 20 ppm
OTU2	255/237×9 953 280 kbit/s	
OTU3	255/236×39 813 120 kbit/s	

注：标准 OTU_k 率约为 2 666 057.143 kbit/s (OTU1), 10 709 225.316 kbit/s (OTU2) and 43 018 413.559 kbit/s (OTU3)。

表 3-3　ODU 类型及容量

ODU 类型	ODU 额定比特率	ODU 比特率容差
ODU1	239/238×2 488 320 kbit/s	143 20 ppm
ODU2	239/237×9 953 280 kbit/s	
ODU3	239/236×39 813 120 kbit/s	

注：标准 ODU_k 率约为 2 498 775.126 kbit/s (ODU1), 10 037 273.924 kbit/s (ODU2) and 40 319 218.983 kbit/s (ODU3)。

表 3-4　OPU 类型及容量

OPU 类型	OPU 额定比特率	OPU 比特率容差
OPU1	2 488 320 kbit/s	143 20 ppm
OPU2	238/237×9 953 280 kbit/s	
OPU3	238/236×39 813 120 kbit/s	

注：标准 OPU_k 率约为 2 488 320.000 kbit/s (OPU1 Payload), 9 995 276.962 kbit/s (OPU2 Payload) and 40 150 519.322 kbit/s (OPU3 Payload)。

表 3-5　OUTk/ODUk/OPUk 帧周期

OUT/ODU/OPU 类型	周期
OTU1/ODU1/OPU1/ OPU1-Xv	48.971μs
OTU2/ODU2/OPU2/ OPU2-Xv	12.191μs
OTU3/ODU3/OPU3/ OPU3-Xv	3.035μs

简单理解，OTU1/ODU1 速率为 2.5 Gkbit/s，OTU2/ODU2 速率为 10 Gkbit/s，OTU3/ODU3 速率为 40 Gkbit/s，OTU4/ODU4 速率为 100 Gkbit/s。

OTN 复用映射关系（ITU-T G.709）如图 3-13 所示。

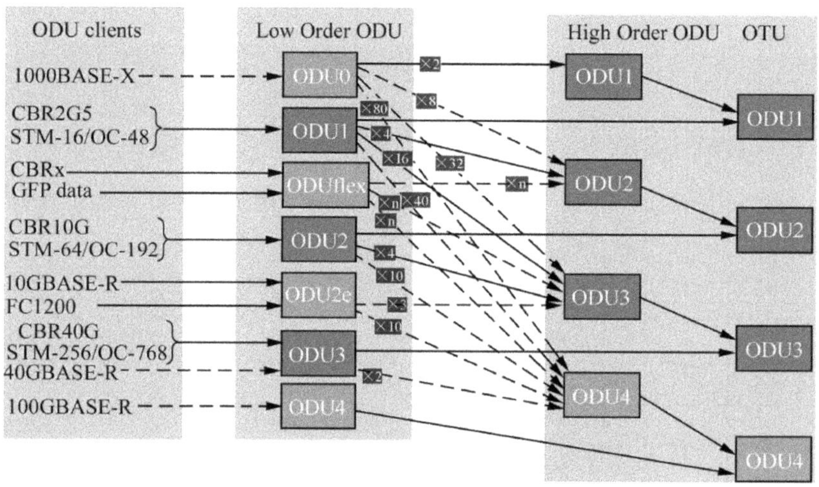

图 3-13　OTN 复用映射关系（ITU-T G.709）

3.6　OTN 硬件系统结构

3.6.1　单板分类

OTN 常见单板如图 3-14 所示。

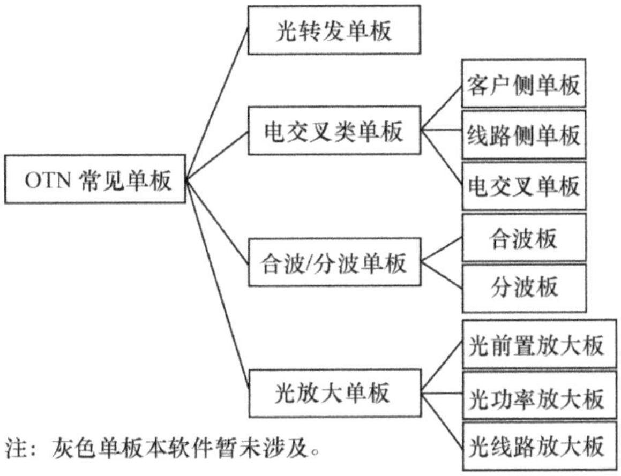

图 3-14　OTN 常见单板

3.6.2　光转发板

软件中为 OTU10G 单板和 OTU40G 单板（如图 3-15 所示），主要功能如下。

① 提供线路侧光模块，内有激光器，发出特定稳定的、符合波分系统标准的波长的光。

② 将客户侧接收的信息封装到对应的 OTN 帧中，送到线路侧输出。

③ 提供客户侧光模块，连接 PTN/路由器/交换机等设备。

软件中的单板如下。

① OTU10G/OTU40G/OTU100G，客户侧接入 10GE、40GE、100GE，线路侧以同样速率发出。

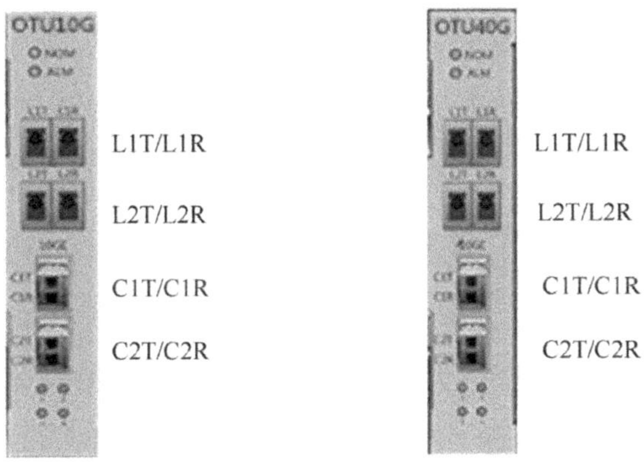

图 3-15　软件中的 OTU 单板

② GEM8，客户侧最多接入 8 个 GE，线路侧合成 10 Gbit/s。

③ SGEM2，客户侧最多接入 2 个 GE，线路侧合成 2.5 Gbit/s。

3.6.3　光合波/分波板

光合波板（OMU）和光分波板（ODU）如图 3-16 所示。

1. 光合波板主要功能

① 位于业务单板与光放大器之间。

② 将从各业务单板接收到的各个特定波长的光复用在一起，从出口输出。

③ OMU 为 AWG 类型，每个接口只接收各自特定波长的光。

④ 现网中的单板，能复用 40 或 80 个波长。

⑤ 软件中的单板：OMU10C 只复用 10 波。

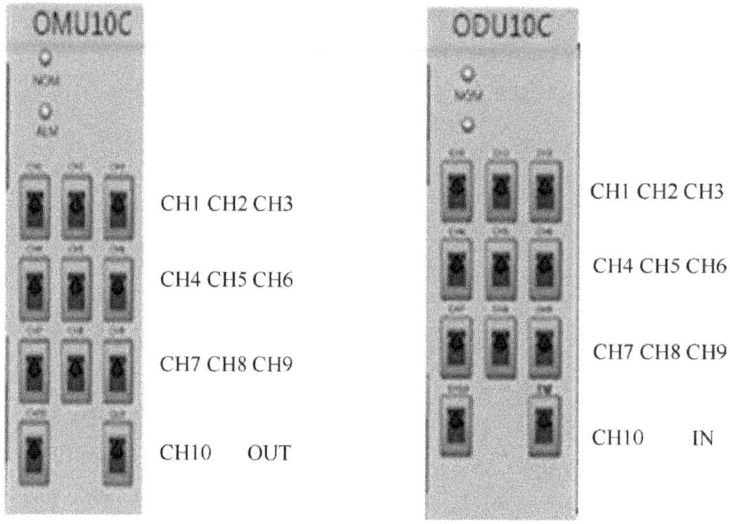

图 3-16　光合波板和光分波板

2. 光分波板主要功能

① 位于接收端 OA 和业务单板之间。
② 将从 OA 收到的多路业务在光层上解复用为多个单路光送给业务单板的线路口。
③ 现网中的单板，能解复用 40 或 80 个波长。
④ 软件中的单板：ODU10C 只解复用 10 个波长。

3.6.4　光放大板

光放大板的主要功能是将光功率放大到合理的范围。发送端 OBA（功率放大板）位于 OMU 单板之后，用于将合波信号放大后发出。接收端 OPA（前置放大板）位于 ODU 单板之前，将合波信号放大后送到 ODU 解复用。OLA（光线路放大板），用于 OLA 站点放大光功率。

软件中的单板包括 OBA 和 OPA，其单板面板示意图如图 3-17 所示。

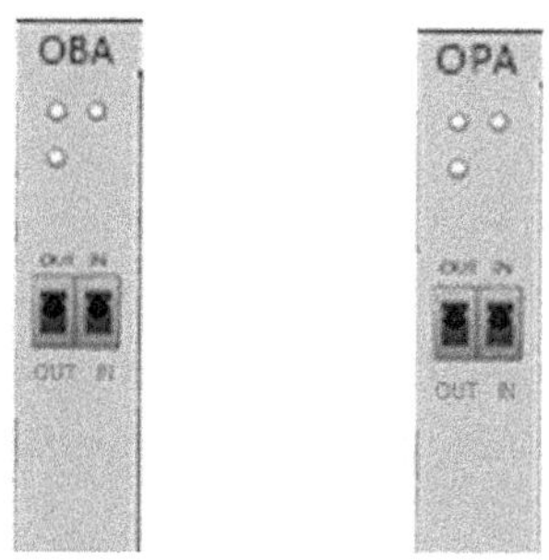

图 3-17　光放大板

3.6.5　电交叉子系统

OTN 电交叉子系统以时隙电路交换为核心，通过电路交叉配置功能，支持各类大颗粒用户业务的接入和承载，实现波长和子波长级别的灵活调度，支持任意节点任意业务处理，同时继承 OTN 网络监测、保护等各类技术，支持毫秒级的业务保护倒换。

电交叉子系统的核心是交叉板，主要是根据管理配置实现业务的自由调度，完成基于 ODUk 颗粒的业务调度，同时完成业务板和交叉板之间告警开销和其他开销的传递功能。

电交叉需要采用光/电/光转换。

软件中的单板介绍如下。

软件中电交叉类单板命名为 N1N2N3，其命名规则如图 3-18 所示：

- N1N2N3
  - N1：单板类型
    - C：客户侧单板
    - L：线路侧单板
  - N2：端口数量
    - Single：1端口
    - Double：2端口
    - Quarter：4端口
    - Octal：8端口
  - N3：速率级别
    - 1：OUT1
    - 2：OUT2
    - 3：OUT3
    - 4：OUT4

图 3-18　电交叉单板命名原则

1. CQ2、CQ3 单板主要功能

① CQ2/CQ3 单板实现 4 路 10 Gbit/s 或 40 Gbit/s 客户信号的接入、汇聚。

② 支持 STM-64、OTU2/3、10/40GE 业务的 OTN 成帧功能。

比如：CQ2=客户侧 4 端口 OTU2 单板。

软件中的客户侧单板如图 3-19 所示。

2. LD2、LD3、LD4 单板主要功能

① LD2、LD3、LD4 是线路侧单板，实现双路 10 Gbit/s、40 Gbit/s、100 Gbit/s 业务传送到背板的功能。采用光/电转换的方式，将线路侧光信号转换为电信号。

② 线路侧 OUT 信号的解复用。

软件中的线路侧单板如图 3-20 所示。

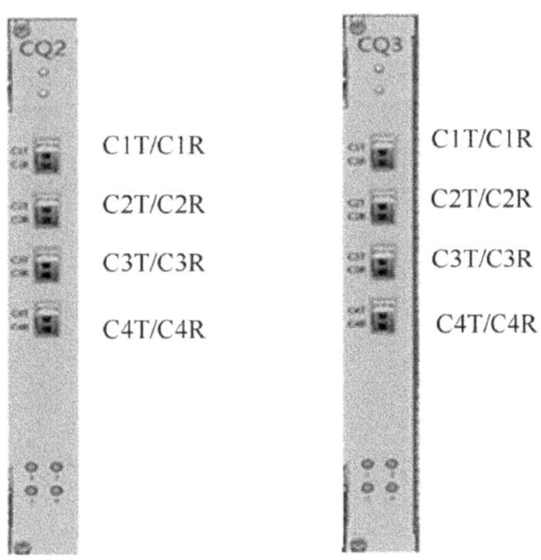

图 3-19　客户侧单板

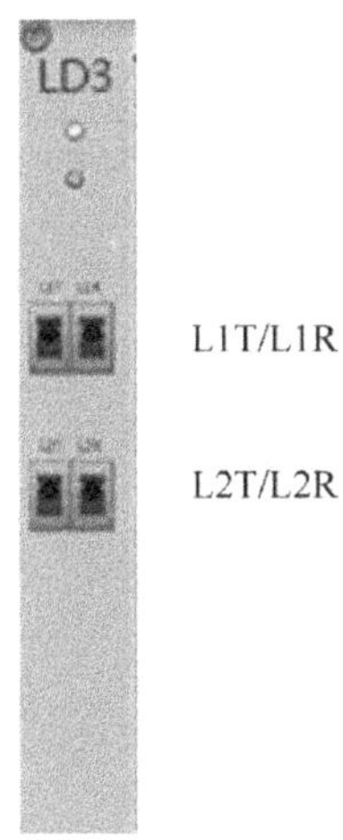

图 3-20　软件中的线路侧单板

3.6.6　CSU 单板

CSU 板是安装在 CX 子架上的时钟和信号交叉处理单元，通常配置 2 块，主要实现以下 2 个功能。

1. 交叉功能

接收来自 CX 子架各业务板（DSAC、SMUB 板）的背板业务信号，进行交叉处理，

并将处理后的信号送至各业务板。业务交叉容量为 48×48 路 ODU1 或 ODU2 背板信号。

2. 时钟功能

对于输入的不同级别的时钟，根据一定的算法，选择最优时钟作为系统时钟。输入时钟支持线路时钟、外时钟和来自另一块 CSU 板的时钟。

除了上述两个主要功能外，CSU 单板还接收 SNP 单板发送的 APS 命令，实现电层业务保护倒换。

软件中大、中型 OTN 都配置了 CSU 单板，作为信号处理的单板，不需要我们去接线操作。

3.7 系统信号流

图 3-21 为 OTN 系统中，两个 OTM 站对接，深灰线条代表业务信号流向图。客户侧 S380 为 SDH 设备。

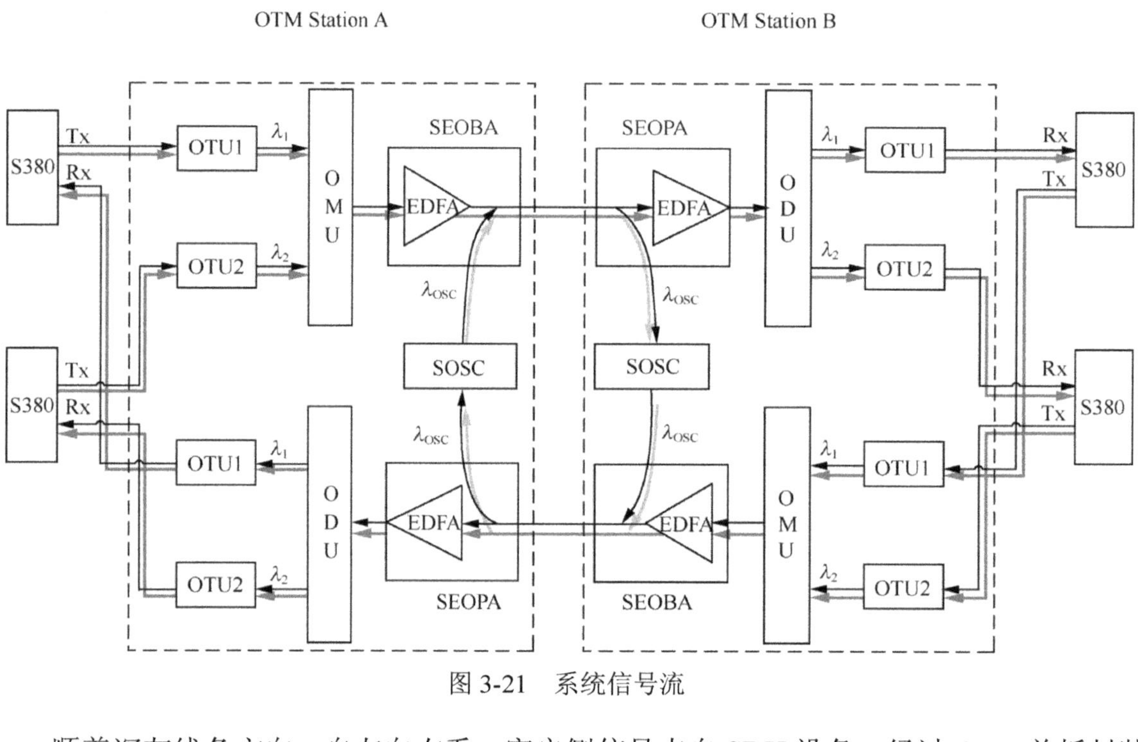

图 3-21 系统信号流

顺着深灰线条方向，自左向右看，客户侧信号来自 SDH 设备，经过 OTU 单板封装为 OTN 帧，并以波长 λ_1 发往 OMU。OMU 合波后，发往 OBA 单板进行放大，放大后的信号与浅灰色的监控信号一起，发到右边的 OTM 站。在 OPA 单板之前，将监控信号分离出来，业务信号由 OPA 单板进行放大后，发给 ODU 单板。ODU 分波后，λ_1 波长信号进入接收端的 OTU 单板，转换为客户侧信号发往接收的 SDH 设备。

第二部分　实践篇

第 4 章

承载网规划及配置

📖 知识点

本章将介绍承载网的规划和数据配置，您可以从中了解到 IP 承载和光传输产品的拓扑规划、容量计算、设备连接、数据规划和数据配置。

- 承载网拓扑规划与容量计算
- 承载网设备配置规划
- 承载网数据规划与配置

4.1 承载网拓扑规划与容量计算

4.1.1 IP 拓扑规划

4.1.1.1 网络拓扑设计原则

运营商级的城域网和承载网、大型企业的局域网、高校的校园网，都属于大规模网络。在规划大规模网络拓扑结构时，一般采用分层结构，分为核心层、汇聚层、接入层。网络层次化设计的好处如下。

（1）结构简单。通过网络分成许多小单元，降低了网络的整体复杂性，使故障排除或扩展更容易，能隔离广播风暴的传播、防止路由循环等潜在问题。

（2）升级灵活。网络容易升级到最新的技术，升级任意层的网络对其他层造成影响比较小，无需改变整个网络环境。

（3）易于管理。层次结构降低了设备配置的复杂性，使网络更容易管理。

4.1.1.2　LTE 承载网典型拓扑

IP 承载网核心、汇聚、接入 3 个层次以环状或口字状组网为主，在没有条件构建环状、口字状组网的情况下（可能是没有布放光缆资源），采用链状组网。常见网络拓扑结构如图 4-1 所示。

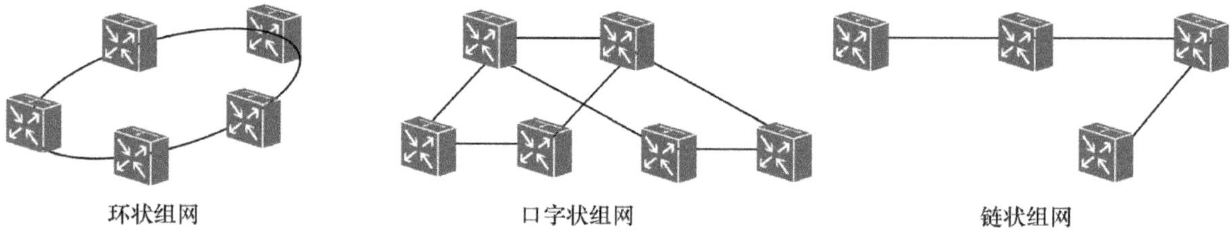

图 4-1　常见网络拓扑结构

环状组网和口字状组网能提供链路、设备的冗余保护，使业务中断后能得到快速恢复。典型 LTE 承载网络拓扑如图 4-2 所示。

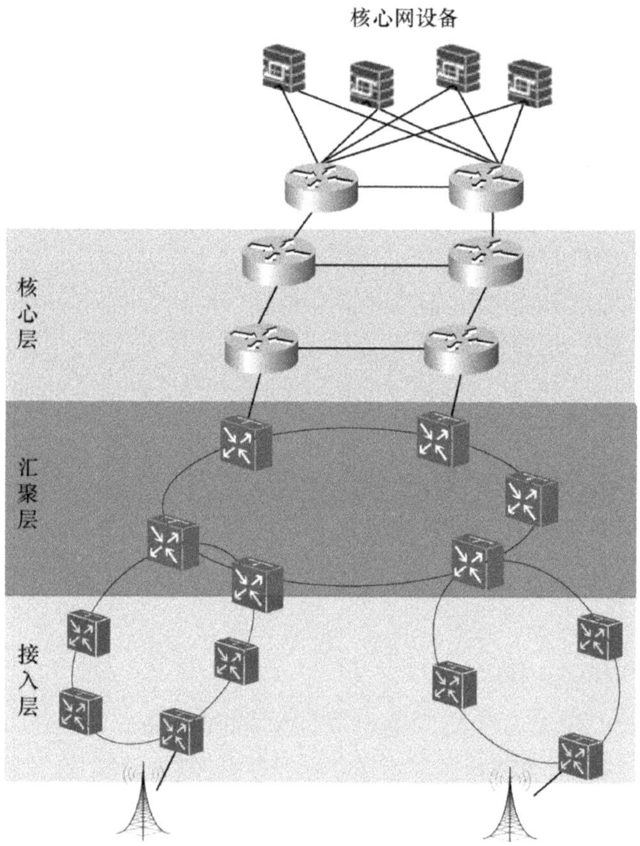

图 4-2　典型 LTE 承载网拓扑

实际工程中的基站非常多，整个承载网的规模很大，投入的设备成百上千。本软件精简现网模型，对核心、汇聚、接入层均进行了不同程度的简化，只给出 3 个城市部分机房的互联模型。同时，软件中还引入了链状组网的场景，用户可以尝试使用环状、口字状、链状等形式来完成拓扑设计。

在设备类型方面，现网各大运营商的建网策略和原有网络不尽相同，设备主要采用 PTN 和路由器。LTE 建网前期提出的方案有 3 种，可供用户参考。

（1）端到端 PTN 组网，即从接入到核心全部采用 PTN 设备。中国移动的 2G/3G 承载网即采用这种形式。PTN 的 OAM 继承了传输产品的优点，且支持弱三层功能，能实现 L2VPN 与 L3VPN 的灵活组网，是一种成本较低的方案。

（2）路由器端到端组网。路由器方案是基于动态地址分配，能最大限度地实现动态数据业务对传输带宽的共享。由于基站侧的承载接入路由器技术规范尚不成熟，大规模部署时 OAM 有待加强，此方案的可行性有待验证。

（3）PTN 与路由器混合组网。在核心层采用路由器，加强 IP 路由转发能力。结合了 PTN 和路由器两种组网方案的特点。

在现网中，根据实际情况，以上方案可能混合部署。因此，在本软件中，也没有唯一的正确答案，可以自由选择 PTN 或路由器完成拓扑设计。

4.1.2　IP 承载网容量计算

4.1.2.1　容量计算参数说明

容量规划是网络规划中的重要部分，在网络建设过程中，通常和拓扑规划同期进行。容量规划是根据当前用户数及预计的发展趋势，估算出网络的总容量，从而有效指导设备的选型和部署。

本步骤计算与规划的是全网实际使用的设备数量，以下所有说明均根据本仿真软件，所有参数均来源于经验或统计值的仿真，步骤有所简化，仅用于模拟实训，实际的严格规划流程和系数请另参考现网规划。

IP 承载网容量计算涉及的参数如下。

① 单站平均吞吐量：从无线侧获取，为一个基站带宽需求的平均值。

② MIMO 单站三扇区吞吐量：从无线侧获取，为一个基站带宽需求的峰值。

③ 基站带宽预留比：基站平均吞吐量与实际预留给基站的带宽之间的比值，预留带宽是为了应对今后基站带宽需求的增加。

④ 链路工作带宽占比：链路带宽可分配给工作带宽、保护带宽、其他业务带宽，工作带宽为 LTE 流量主用路径占用的带宽，保护带宽为备份路径占用的带宽。此承载网还可能承担其他业务如 2G/3G、大客户专线等。工作带宽占比即 LTE 业务在整个链路带宽中占用的比例。

⑤ 带宽收敛比：随着 LTE 网络中数据业务成为主流，数据业务具有统计复用特点，再加上用户资费包封顶等原因的存在，使承载链路的实际带宽分配要小于基站带宽需求，这就是带宽收敛。比如：单个基站带宽需求为 200 Mbit/s，汇聚层带宽收敛比为 3∶4，则汇聚层为单个基站预留的带宽为 150 Mbit/s。

⑥ 单汇聚设备带基站数：限定汇聚层设备汇聚基站的数量。

⑦ 环上设备数：接入环、汇聚环中限定的设备数量。

各地市 LTE IP 承载网分为接入、汇聚、核心 3 个层次，加上省骨干网，每个层次关键的设备容量参数有所不同。

4.1.2.2 接入层容量计算

每基站一个接入设备。根据 LTE 基站平均吞吐量和 3 个小区吞吐量，计算接入设备链路带宽需求。

（1）计算基站预留带宽

基站预留带宽（Mbit/s）=单站平均吞吐量/基站带宽预留比

说明：后续单个基站带宽都采用预留带宽，主要是考虑未来的流量增长。

（2）计算接入层设备数量

接入层设备数量=基站数

说明：接入层常用环状组网，但在实际环境也可能是星状或链状组网。此处提供两种选择。

① 接入层选择星状拓扑

接入星状拓扑图如图 4-3 所示。

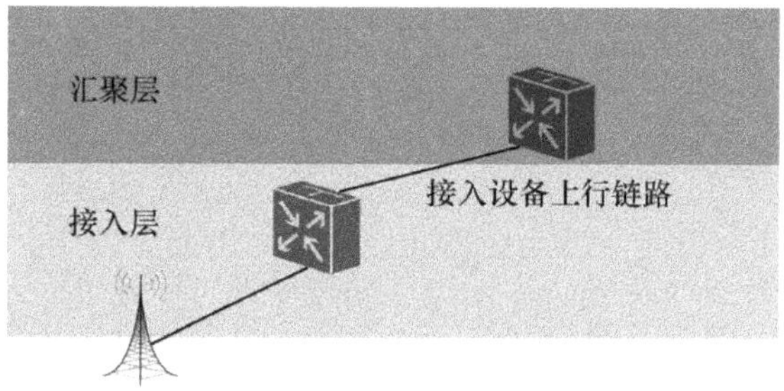

图 4-3 接入层星状拓扑

接入设备上行链路带宽（Gbit/s）=（MIMO 单站三扇区吞吐量/链路工作带宽占比）/1 024

说明：由于每个接入设备只接入一个基站，接入设备上行链路只需保证支持基站的峰值带宽即可。末尾除以 1 024 是进行 Mbit/s 到 Gbit/s 的单位换算。

② 接入层选择环状拓扑

接入环状拓扑图如图 4-4 所示。

接入环链路工作带宽（Gbit/s）=[（接入环上接入设备数−1）× 基站预留带宽+ MIMO 单站三扇区吞吐量] /1 024

说明：链路工作带宽是接入环上基站带宽需求之和。如果一个接入环接入 6 个基站，根据经验值，接入环链路需满足所有基站的平均带宽需求，且至少一个基站可以达到峰值带宽。

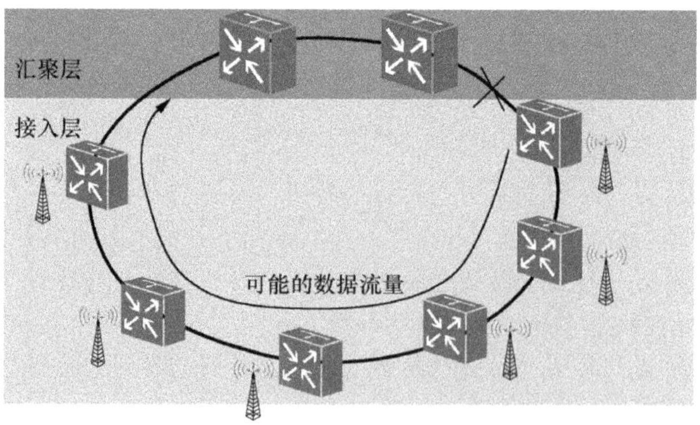

图 4-4 接入层环状拓扑

接入环链路带宽（Gbit/s）=接入环链路工作带宽/链路工作带宽占比

说明：链路中除了工作带宽还要预留保护带宽。

接入环数量=接入层设备数量/接入环上接入设备数

4.1.2.3　汇聚层容量计算

根据 3 个城市人口密集程度，每个汇聚设备所带基站数量也不同，本层计算汇聚设备链路带宽需求。

（1）计算汇聚层设备数量

汇聚层设备数量=基站数/单汇聚设备带基站数

说明：现网中一般对汇聚节点下挂的接入环有一个标准值，如果一个汇聚设备下带 6 个接入环，每个接入环有 6 个基站，再根据总的基站数，可以估算出汇聚层需要设备的数量。

（2）选择汇聚层拓扑结构

与接入层类似，汇聚层也可以选择环状或星状组网。现网中环状组网使用较多。

（3）计算汇聚层设备容量

① 汇聚层选择星状拓扑时

汇聚设备上行链路工作带宽（Gbit/s）=单汇聚设备带基站数×基站预留带宽/1024

汇聚设备上行链路带宽（Gbit/s）=汇聚设备上行链路工作带宽/链路工作带宽占比

② 汇聚层选择环状拓扑时

汇聚环链路工作带宽（Gbit/s）=单汇聚设备带基站数×汇聚环上汇聚设备数×基站预留带宽×汇聚、接入层带宽收敛比/1024

汇聚环链路带宽（Gbit/s）=汇聚环链路工作带宽/链路工作带宽占比

汇聚环数量=汇聚层设备数量/汇聚环上汇聚设备数

4.1.2.4　核心层容量计算

万绿市基站使用万绿市核心网，百山市和千湖市基站共用千湖市核心网。根据各市 LTE 基站数量和平均吞吐量，计算市核心设备的吞吐量。

（1）计算核心层设备容量

核心层设备吞吐量（Gbit/s）=基站数×基站预留带宽×核心、接入层带宽收敛比/1024

说明：设备吞吐量即设备整机单位时间内的数据传送量，体现设备的整体转发性能。本软件设计单个核心层设备能承载本地市所有基站的流量。

（2）核心层设备数量

核心层设备数量=________

说明：单个核心层设备承载所有基站流量时，建议配置主备 2 台设备。

4.1.2.5　骨干网容量计算

根据 3 个市所有 LTE 基站数量和平均吞吐量，计算骨干网设备吞吐量。

（1）计算省骨干网设备容量

骨干网设备吞吐量（Gbit/s）=万绿市核心设备吞吐量+千湖市核心设备吞吐量+百山市核心设备吞吐量

说明：骨干网设备转发三地市之间、三地市基站与互联网间的流量。吞吐量应大于 3 个地市核心设备吞吐量之和。

（2）骨干网设备数量

骨干网设备数量=________

说明：建议配置主备共两台。

4.1.3 OTN 网络规划

4.1.3.1 拓扑规划

光传输网（OTN）基本拓扑为环状、链状、点到点，其他复杂拓扑由这 3 种拓扑组成，如图 4-5 所示。

在明确哪些机房需要布放 OTN 后即可开始规划。

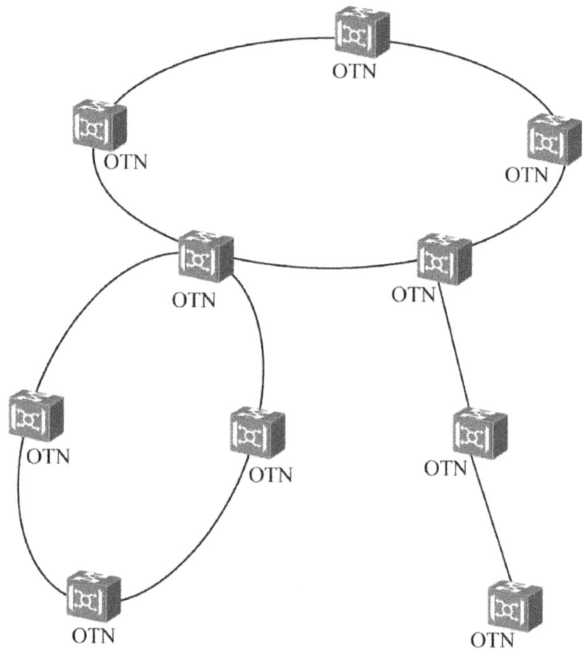

图 4-5　光传输典型拓扑

4.1.3.2 确定业务类型

1. 确定业务总数和业务上路、下路的节点位置

一条通过 OTN 互联的链路可以称为一路业务。如图 4-6 所示。通过规划首先明确多少路业务需要使用 OTN 传送，源端和目的端分别在哪里。

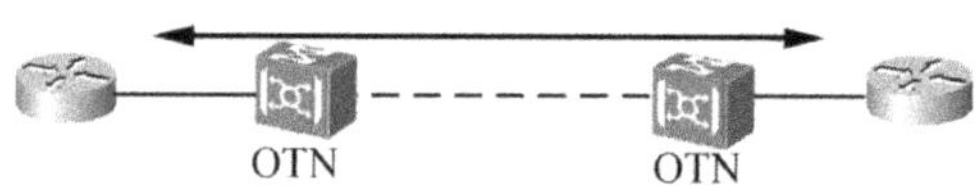

图 4-6　OTN 一路业务

2. 明确业务传输类型

业务的传输类型可能有多种，如 E1、STM、FE、GE 等。本软件中包括 GE、10GE、40GE 和 100GE。

4.2 承载网设备配置规划

4.2.1 设备配置规划

4.2.1.1 设备配置概述

在设计好网络拓扑并计算出设备容量需求之和后，下一步是要对部署的设备硬件及连线进行规划。在软件的“设备配置”模块中，将要求使用者根据规划，在机房内布放设备并连线。

由于整个承载网设备众多，本模块只取了整个网络中的 15 个机房和部分的设备供用操作，这与“拓扑规划”模块是一致的。

“设备配置”模块与“拓扑规划”、“容量计算”两个模块的关系如下。

（1）“设备配置”是一个独立的模块，即使不做前两个模块也可以单独进行操作。

（2）“拓扑规划”“设备配置”都是取全网部分机房和设备，“设备配置”可以参考拓扑规划的结果来布放设备并进行连接。

（3）“容量计算”是计算整个网络的设备容量和链路带宽，这些计算的结果决定“设备配置”中选择哪种型号的设备。

4.2.1.2　硬件选型规划

根据实际网络需求，规划每个机房具体布放的设备性能与类型，“拓扑规划”中已经选择了设备类型，“设备配置”模块选取性能相符的设备型号。

IP 承载设备选型需要考虑的因素很多，如吞吐量、支持的接口类型、线卡带宽、路由能力、交换能力、能实现的网络技术、OAM 等。

本软件中要求根据容量计算的结果从两个方面考虑选型，一是设备本身的吞吐量，二是接口带宽。

IP 承载设备所有设备型号及性能如表 4-1 所示。

表 4-1　IP 承载设备性能一览

设备	性能描述	
大型 PTN	系统吞吐量	1.28Tbit/s
	接口类型	100GE/40GE/10GE
	最大高速线卡数	16
中型 PTN	系统吞吐量	320Gbit/s
	接口类型	40GE/10GE/GE
	最大高速线卡数	8
小型 PTN	系统吞吐量	40Gbit/s
	接口类型	10GE/GE
	最大高速线卡数	4
大型路由器	系统吞吐量	1.6Tbit/s
	接口类型	100GE/40GE/10GE
	最大高速线卡数	16
中型路由器	系统吞吐量	320Gbit/s
	接口类型	40GE/10GE/GE
	最大高速线卡数	8
小型路由器	系统吞吐量	12Gbit/s
	接口类型	GE
	最大高速线卡数	2

高速线卡指速率在 Gbit/s 以上的接口。

接入层与汇聚层设备，主要关注接口带宽是否能满足链路带宽的需要。比如，接入环链路带宽=5Gbit/s，接入设备就应选用至少支持 10GE 接口的设备。

核心层和骨干网设备，主要关注设备整体吞吐量是否能承载足够的基站。比如计算出核心层设备吞吐量=400Gbit/s，就要选用大型 PTN 或大型路由器。

OTN 的设备选型也从两方面考虑，一是客户侧接口容量，二是本机房与其他机房连接的数量。

例如，核心层路由器与骨干网路由器间采用 100GE 接口互联，OTN 设备就必须选用支持 100GE 的大型设备。

再比如，万绿市承载中心机房与其他 3 个机房通过 OTN 互连，那么就应选择配置了多于 3 对 OMU/ODU 单板的 OTN 设备。

OTN 所有设备型号及性能如表 4-2 所示。

表 4-2　OTN 设备性能一览

设备	性能描述	
大型 OTN	交叉类型	分布式交叉/集中式交叉
	客户侧光口速率	100GE/40GE/10GE
	线路侧光口速率	OTU4/OTU3/OTU2
中型 OTN	交叉类型	分布式交叉/集中式交叉
	客户侧光口速率	40GE/10GE/GE
	线路侧光口速率	OTU3/OTU2
小型 OTN	交叉类型	分布式交叉
	客户侧光口速率	10GE/GE
	线路侧光口速率	OTU2/OTU1

4.2.1.3　接口命名原则

现网中对于站点、设备、接口、业务等都有明确的命名要求，以简洁易记为原则，方便后续迅速定位，排查故障。

本软件会自动对接口进行命名，设备布放到机架后鼠标碰触的接口会悬浮接口命名。接口命名格式如下。

机房_设备_槽位_单板名_接口 ID

1. 机房命名的格式

机房全部用简写表示，具体如下。

① 省骨干网机房：backbone；

② 万绿市承载中心机房：wl-CEN（wl 为“万绿”的缩写，CEN 表示中心机房）；

③ 万绿市承载汇聚 1 区机房：wl-AGG-1（AGG 表示汇聚机房，1 表示 1 区）；

④ 万绿市 A 站点机房：wl-ACC-A（ACC 表示站点机房，A 表示站点机房对应的编号）。

其他城市机房依次类推。

2. 设备命名的格式

路由器、PTN 以设备类型+编号来识别，如 PTN1，表示某机房的第 1 台 PTN。OTN 直接标识为 OTN。

当设备放置到机架中后，系统会自动添加设备名称，如图 4-7 所示。

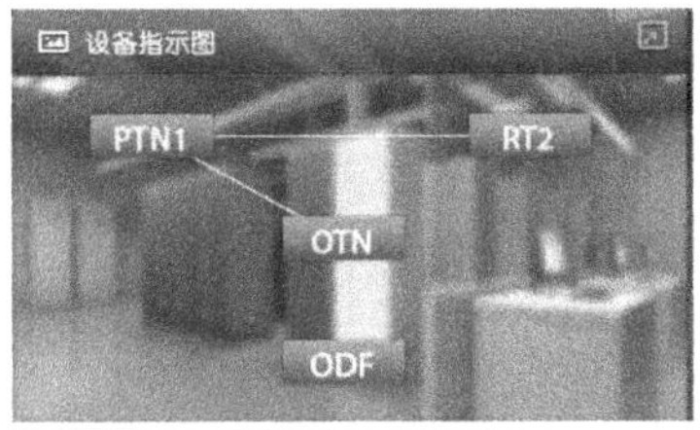

图 4-7　设备自动命名

3. 槽位

接口所在槽位的槽位号，用阿拉伯数字表示。

4. 单板名

单板上的单板名称，如 1×100GE、OMU10C 等。

5. 接口 ID

实际设备中接口旁边的标识。PTN 和路由器用阿拉伯数字为接口编号，如 1，2，3…

OTN 的接口还带有英文字母，对接口的用途加以说明，比如 OTU40G 单板客户侧接口 C1T/C1R，线路侧接口 L1T/L1R；OBA 单板有 OUT 和 IN 两个接口。

举个完整的接口命名例子：wl-AGG-2_PTN1_2_1×40GE_1，表示万绿市承载汇聚 2 区机房 PTN1 的 2 槽位上 1×40GE 单板的 1 端口。

4.2.2　OTN 波长规划

4.2.2.1　波长分配

OTN 设备在线缆连接之前，首先要规划好使用的波长资源，按照波长规划来设计合波分波单板的连线。

（1）传送网一般是分步建设的，初期使用的波长资源较少，应优先分配长波长资源，即频率较低的波长。建议在波长使用时从第一波开始使用，之后使用第二波，逐波往后递推。

（2）逐个环或链完成波长分配。

（3）优先分配长路径业务，这样可以减少后期波长拥塞程度。

波长分配案例如下。

1. 业务连接规划

3 个地市的中心机房的路由器与省骨干网机房路由器连接，同时，万绿市 3 个汇聚机房 PTN 与中心机房路由器形成环路连接，如图 4-8 所示。

2. OTN 拓扑规划

在 PTN/路由器的机房配置 OTN，并形成环网，如图 4-9 所示。

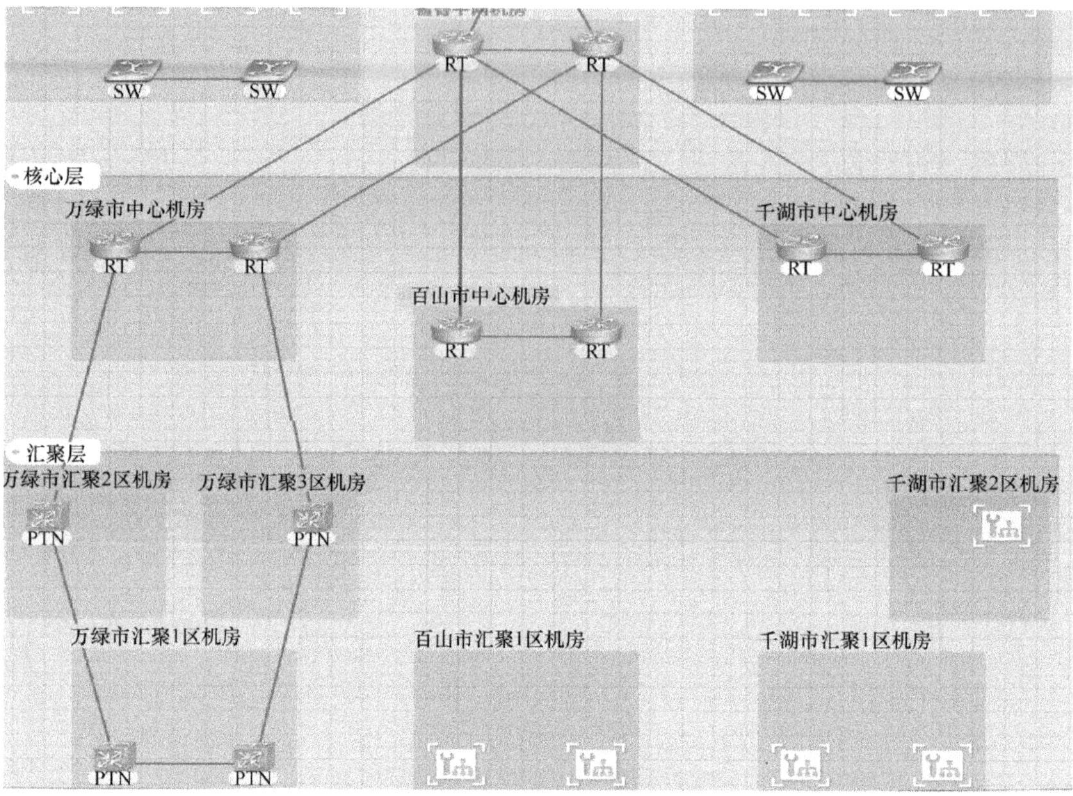

图 4-8　业务连接规划

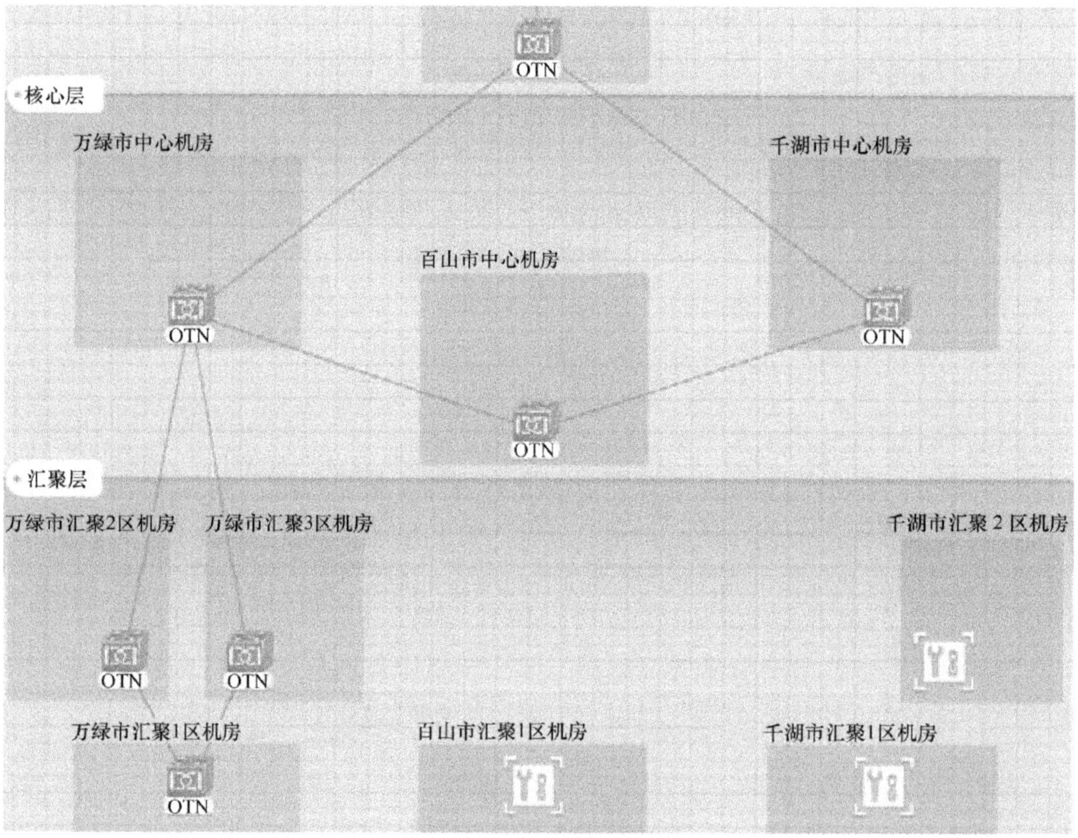

图 4-9　OTN 拓扑规划

3. 制作波长分配表

本例中 OTN 有两个环，分别进行波长分配，如表 4-3 所示。

表 4-3　不同站点波长分配表

波长	省骨干网机房	万绿市中心机房	百山市中心机房	干湖市中心机房	省骨干网机房	业务
GH1 192.1 THz	←—	—→	←—	——	—→	100 GE
GH2 192.2 THz	←—	—→	←—	——	—→	100 GE
GH3 192.3 THz				←—	—→	100 GE
GH4 192.4 THz				←—	—→	100 GE
波长	**万绿市中心机房**	**万绿市 2 区汇聚机房**	**万绿市 1 区汇聚机房**	**万绿市 3 区汇聚机房**	**万绿市中心机房**	**业务**
GH1 192.1THz	←—→	←—→	←—→	←—→		40GE
GH2 192.2THz						40GE
GH3 192.3THz						40GE
GH4 192.4THz						40GE

4.2.2.2　确定节点类型

所定义的节点类型有：OTM、OLA 和 OADM，如图 4-10 所示。

① OTM 节点：只有一个线路方向，所有业务产生和终止，用于点到点和链状应用。

② OLA 节点：两个线路方向，业务直通不上下。

③ OADM 节点：两个线路方向。部分波长直通，部分波长上下。用于链状、环状应用。

要清楚每台 OTN 在网络中的节点类型。

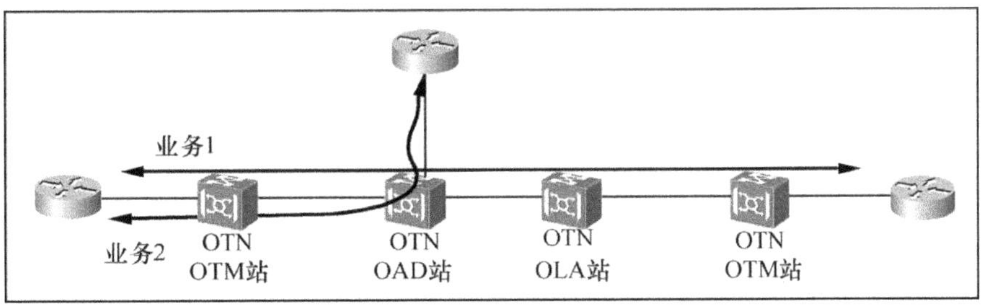

图 4-10　OTN 网络的节点类型

4.2.3　线缆连接规划

线缆连接规划即对设备间的连线进行规划。

在“拓扑规划”模块已经对设备间的连接关系进行过规划，但那只是逻辑的连接设计，并未体现连线的数量，也没有告诉 IP 承载设备与光传输设备之间、机房与机房之间如何连接。

实际的连线在“设备配置”模块进行，要想把分布与多个机房之间的设备用线缆连接起来，首先必须非常熟悉线缆连接的规则，即哪些接口可以互连，信号流是怎样的。

由于要连接的线缆非常多，为了能快速、正确地进行线缆连接，现网工程中会事先绘制连线图，施工时按图连线。在软件中可以简化一下，使用表格事先把要连接的线缆设计好。

按机房来设计连线表格，把要连接的线缆分为两类，一类是 PTN/路由器与其他设备的连线，另一类是 OTN 设备内部的连线。

表 4-4 为 PTN/路由器的连线表。

表 4-4　PTN/路由器连线规划表

机房：wl-CEN			
本端	直接对端	逻辑对端	备注
PTN1_4_1×40GE_1	OTN_2_CQ3_C1T/C1R	wl-AGG-1_PTN2_2_1×40GE_1	万绿中心 PTN1 至汇聚 1 区 PTN2 互连链路
PTN1_5_1×40GE_1	PTN2_5_1×40GE_1		万绿中心 PTN1 与 PTN2 互连链路
PTN1_1_1×40GE_1	0DF_2_T/R	wl-core_MME_7_2	万绿中心 PTN1 与万绿核心网机房 MME 互连链路
……			

本端为本端接口，直接对端是本端接口通过线缆直接连接到的物理接口，逻辑对端是本端最终想要连接的接口，逻辑对端一般用于标识 PTN/路由器的接口连接关系。

如表 4-4 中的例子，本端 PTN1_4_1×40GE_1 接口直接连接到本机房 OTN_2_CQ3_C1T/C1R，这是要通过光传输设备进行远距离传送，最终的目的接口是 wl-AGG-1_PTN2_2_1×40GE_1。

接下来看看 OTN 的连线规划，建议遵循 OTN 内部信号流，按业务方向进行设计，表 4-5 可供参考。

表 4-5　OTN 内部连线规划表

机房：wl-CEN，设备：OTN						
客户侧接口	线路侧接口	OMU（Slot12）		OBA（Slot11）		ODF
2_CQ3_C1T/C1R	6_LD3_L1T	CH1	OUT	IN	OUT	5_T
2_CQ3_C2T/C2R	6_LD3_L2T	CH2				
……						
		ODU（Slot22）		OPA（Slot21）		
2_CQ3_C1T/C1R	6_LD3_L1R	CH1	IN	OUT	IN	5_R
2_CQ3_C2T/C2R	6_LD3_L2R	CH2				
……						

注：红色线表示需要线缆连接，本表格里要用到的线缆为单根光纤

4.3　承载网数据规划与配置

4.3.1　数据配置说明

4.3.1.1　模块说明

数据配置，就是在设备上配置好业务参数，实现前期规划的业务通信。

在本软件中，在“设备配置”模块中布放的设备可以在“数据配置”模块中配置参数。

通过数据配置，可以掌握承载产品的开通流程，进一步理解承载网的关键知识和运作原理。这一部分没有唯一正确的答案，根据通信需要，灵活搭配各种协议，可以采取多种方案达成最终目标。

要想通过数据配置达成业务通信的目标，首先要对将要实现的业务流程十分熟悉，依此来设计网络中将要使用哪些技术实现通信。比如，MME 与 BBU 之间需要互通，这中间通过 PTN 和 OTN 进行承载，根据承载网的拓扑，要搞清楚业务流具体的流向是怎样的。

其次，熟悉各种网络技术，清楚部署哪些技术可以实现目标。在此基础上，理清思路，规划好在多大范围内部署哪种技术、配置哪些参数。

4.3.1.2 LTE 承载网数据规划步骤

LTE 承载网现网是一张大而复杂的网络，既要关注业务连通性，还要关注传送质量、冗余保护等诸多环节，所以现网方案中规划的内容包括：IP 规划、VLAN 规划、IGP 规划、业务模型规划、隧道模型规划、可靠性规划、OAM 规划、时钟规划、QoS 规划等。

在本软件中，只关注业务连通的关键技术，包括时钟、QoS、OAM、VPN 等内容尚未涉及。建议在做配置前重点考虑使用哪种路由协议。

必须要做的规划是：IP 地址规划、VLAN 规划、路由规划。

可能要做的规划是：OTN 电交叉规划。

4.3.2 IP 地址规划

4.3.2.1 IP 地址使用原则

在 LTE 承载网中的 PTN 和路由器设备需要分配 IP 地址，用到的地址分为以下 3 类。

1. 管理地址

管理地址使用 loopback 地址，loopback 地址的规划请注意以下 3 点。

① loopback 地址使用 32 位掩码。

② 每台设备规划一个 loopback，与 OSPF、LDP 的 router-id 合用。

③ 全网唯一。

2. 接口互联地址

IP 接口的规划要注意以下 3 点。

① 唯一性。任何接口地址必须全网唯一。

② 扩展性。使用 30 位的掩码 251.251.251.252，节约 IP 地址空间。同时地址分配在每一层次上都要留有余量。

③ 连续性。现网的设备数量很多，汇聚和接入层按汇聚环分配地址段，在环上按逆时针顺序，针对每个汇聚节点先环后链分配，由近及远分配。在本软件中节点数量比较少，可为每个层次划分一个 IP 段作为借口地址，从中再连续地分配给各接口即可。

如果是 PTN，还要规划接口 VLAN，每条链路 1 个 VLAN。

3. 业务地址

业务地址是分配给核心网设备和 BBU 使用的地址。业务地址规划要注意以下 3 点。

① 地址数量满足需求。

② 为未来可能增加的终端做好预留。

③ 避免地址浪费。

以上 3 种地址在规划时要明确分开，各自有独立的 IP 网段，以便记忆和维护。在分配时可考虑按网络层次先分配大的网段，再根据机房和设备细分。IP 地址段按从小到大或从大到小的原则连续使用。

4.3.2.2 IP 地址规划举例

根据图 4-11 的拓扑规划 IP 地址，可使用的地址段是 10.33.64.0/20。

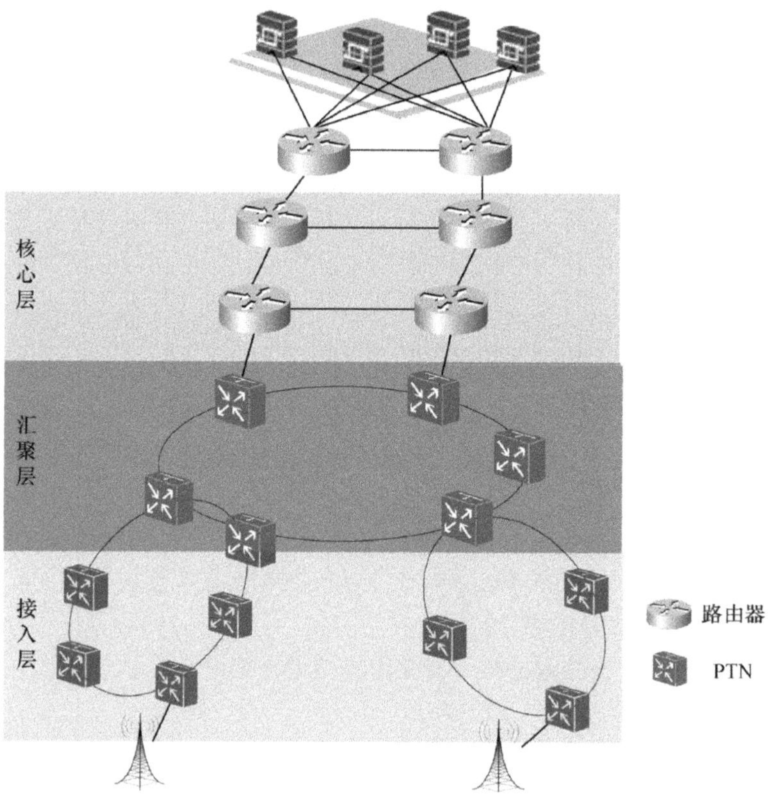

图 4-11 IP 地址规划拓扑图

IP 地址规划如表 4-6 所示。

表 4-6 IP 地址规划表

用途	IP 地址
管理地址	10.33.64.0/24
核心层与核心网对接接口地址 核心层设备对接接口地址 核心层与汇聚层对接接口地址	10.33.65.0/24

续表

用途	IP 地址
汇聚环设备对接接口地址	10.33.66.0/24
接入环设备对接接口地址 接入设备与 BBU 对接接口地址	10.33.67.0/24 10.33.68.0/24
核心网内地址	10.33.72.0/22
BBU 业务地址	10.33.76.0/22

VLAN 规划如下。

① 设备之间相连的端口属于同一 VLAN，在环上按逆时针方向分配 VLAN。

② 汇聚环与核心层对接从 VLAN100 开始递增。

③ 汇聚环从 VLAN200 开始递增。

④ 接入环从 VLAN300 开始递增。

⑤ 接入设备与 BBU 对接从 VLAN400 开始递增。

完整的 IP 地址规划如图 4-12。

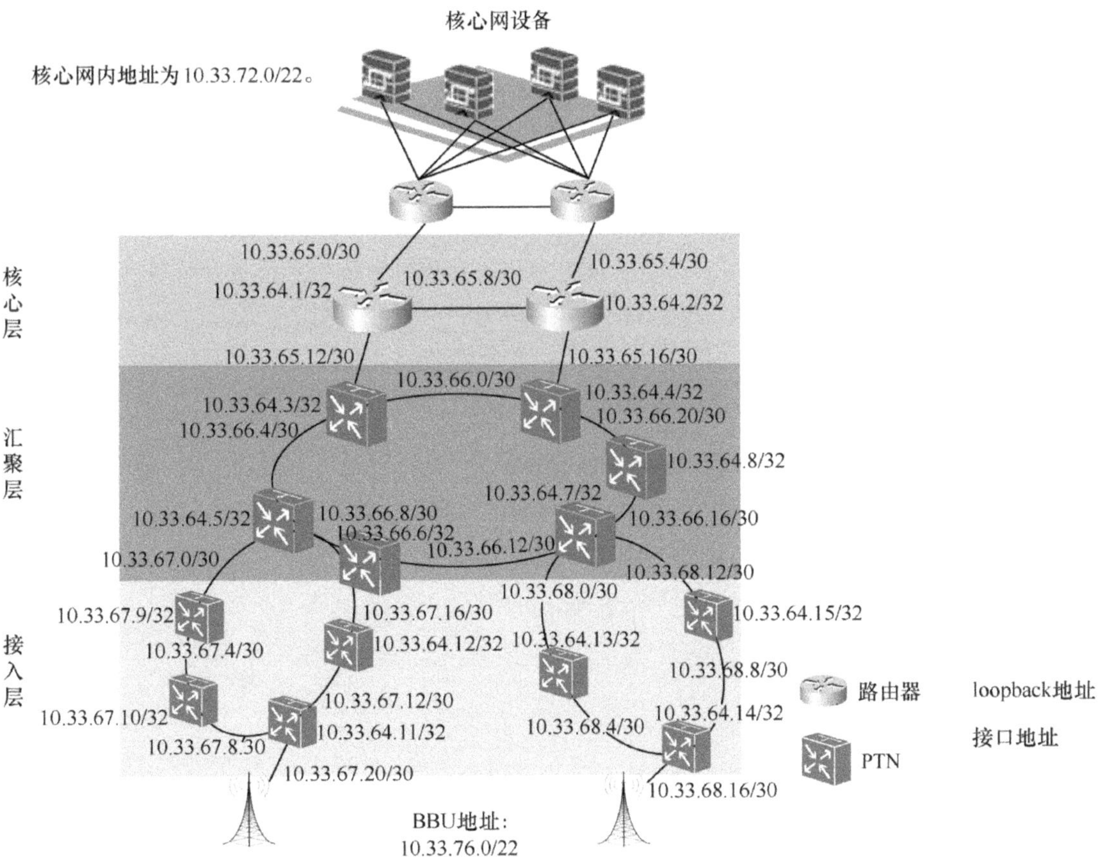

图 4-12　IP 地址规划图

4.3.3　路由规划

4.3.3.1　路由规划原则

路由就像 IP 网络的神经系统，其规划的质量直接决定整个网络的稳定程度和运行效率，同时还影响网络维护的工作量。因此，良好的路由规划是网络规划中非常重要的一环。

路由规划包括静态路由规划和路由协议规划。

静态路由由于其配置简单，往往应用于大型网络的接入层。在使用静态路由时要注意避免人为配置错误而引起的路由环路。

动态路由协议包括两个部分——IGP 和 EGP。

① IGP 协议中标准化程度高且适用于大型网络的协议主要是 OSPF 和 ISIS。

② EGP 协议目前通用的是 BGP。

动态路由协议的设计原则包括：

① 可靠性。通过部署动态路由协议，避免网络中出现单点故障。

② 流量合理分布。网络流量能灵活地分配到不同路径，提高网络资源利用率和系统可靠性。

③ 扩展性。网络扩展容易，通过增加设备和提高链路带宽就能解决。

④ 适应业务模型变化。当网络流量特征随着业务类型的变化而产生变化时，通过合理的路由策略部署迅速适应这种变化。

⑤ 易于维护管理。通过路由协议的部署使故障排查和流量调整的难度、复杂度降低。

本软件目前只支持静态路由和 OSPF 协议。

4.3.3.2　LTE 承载网中的路由设计

LTE 承载网在未启用 L3 VPN 时只讨论 IGP 的路由设计，现网通常采用 OSPF 协议。

OSPF 属于链路状态协议，其组网规模受设备性能、组网复杂度的影响较大。

现网中网络节点数量很多，通过在 OSPF 域中划分 Area 并经过合理规划，OSPF 域组网规模可达 512 个节点。区域划分以核心层和汇聚层设备为 Area0，接入层设备为非 0 区域。

4.3.3.3　LTE 全网仿真软件中的路由设计

当前版本软件 OSPF 仅支持单个区域 Area0，启用 OSPF 的接口默认加入 Area0 中。

所有 IP 承载设备均可以启用 OSPF，建议启用，可以减少配置和维护量。IP 承载设备间通过 OSPF 实现互通。

核心网设备只支持静态路由，所以在中心机房 IP 承载设备上使用静态路由指向核心网业务地址。如果中心机房 IP 设备同时启用了 OSPF，为了确保其他 OSPF 设备能够到达核心网设备业务地址，在中心机房 IP 设备上需要引入静态路由。

无线 BBU 采用接口地址作为业务地址，在站点机房 IP 承载设备上与 BBU 间是直连路由，不需要配置静态路由。如果站点机房设备启用 OSPF，将连接 BBU 的 IP 接口启用 OSPF 即可。

图 4-13 的路由设计可供参考。

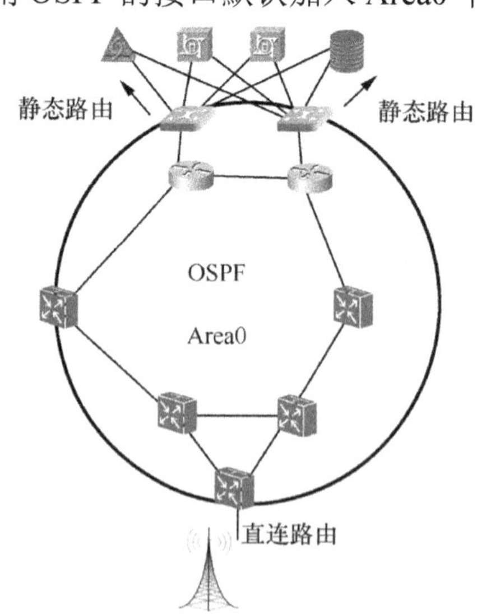

图 4-13　LTE 全网仿真软件路由设计示例

4.3.4　电交叉规划

OTN 电交叉子系统以时隙电路交换为核心，通过电路交叉配置功能，支持各类大颗粒用户业务的接入和承载，实现波长和子波长级别的灵活调度，支持任意节点任意业务处理，而且可进一步节约光纤资源。

当客户侧多个业务需要用同一个波长传输时，可使用电交叉，将多个业务封装到不同的 ODU 并赋予不同的时隙。举个例子，客户侧 10 个 GE 信号分配 8 个时隙，由一个 100 Gbit/s 速率的线路侧波长进行传输。

电交叉规划的原则如下。

（1）客户侧接口的速率与线路侧时隙的 ODU 速率一致。

（2）两端的 OTN 通过电交叉传送同一业务时，业务对应的客户侧接口的速率必须一致，线路侧单板类型和时隙必须一致。

4.3.5　PTN/路由器数据配置

4.3.5.1　配置界面介绍

本软件数据配置采用去厂商化设计，配置参数时不采用任何厂商的网管或命令行界面，而是提取出共性参数单独设计了一套图形配置界面，旨在让用户通过配置了解所需掌握的技术知识，不必拘泥于厂商的固定配置方法。配置界面如图 4-14 所示。

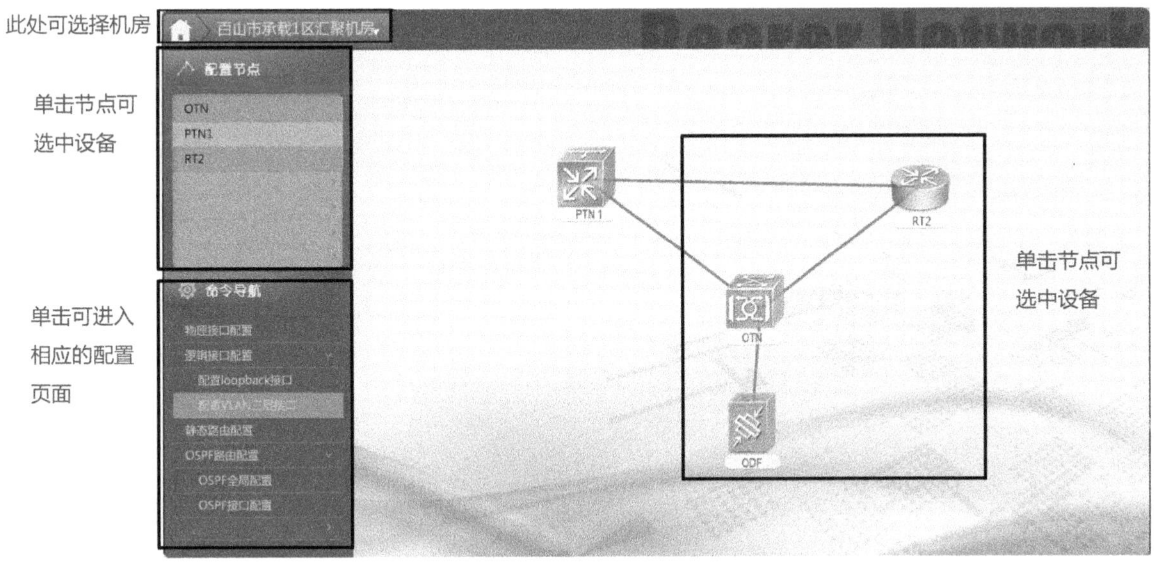

图 4-14　PTN/路由器配置界面介绍

4.3.5.2　路由器数据配置

路由器的命令导航树如下。配置界面如图 4-15 所示。

（1）物理接口配置。

（2）逻辑接口配置。

① 配置 loopback 接口。

② 配置子接口。

（3）静态路由配置

（4）OSPF 路由配置（见图 4-15）。

① OSPF 全局配置。

② OSPF 接口配置。

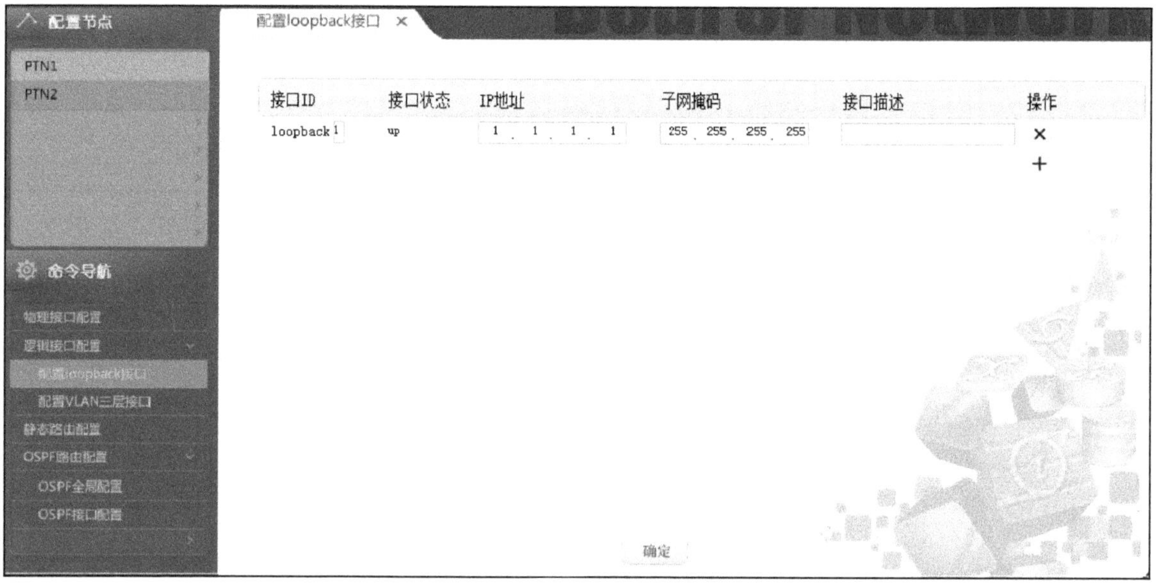

图 4-15　路由器配置界面示例

1. 物理接口配置

路由器的物理接口可以配置 IP 地址、子网掩码和接口描述。物理接口不可以被删除。配置界面如图 4-16 所示。

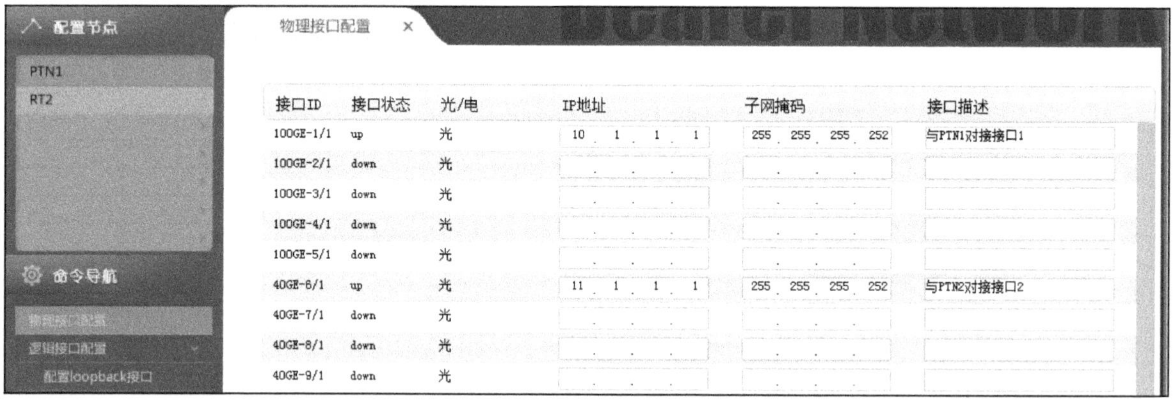

图 4-16　路由器物理接口配置

① 接口 ID：100GE_1/1，“100GE”是单板名称，“1/1”前面的 1 代表槽位号，后面的 1 代表第 1 个接口。

② 接口状态：如果该接口与其他设备接口有连线，状态显示为“up”，否则为“down”。

③ 光/电：接口是光接口还是电接口。

④ IP 地址：直接输入 IPv4 地址，注意全网唯一。

⑤ 子网掩码：直接输入子网掩码。

⑥ 接口描述：最大 32 字符，描述接口信息，如对接到哪个接口；可以输入中文。

2. 逻辑接口配置

（1）配置 loopback 接口

loopabck 接口默认没有，需要手动添加。添加后接口 ID、IP 地址、子网掩码、接口描述等参数可以被配置。配置界面如图 4-17 所示。

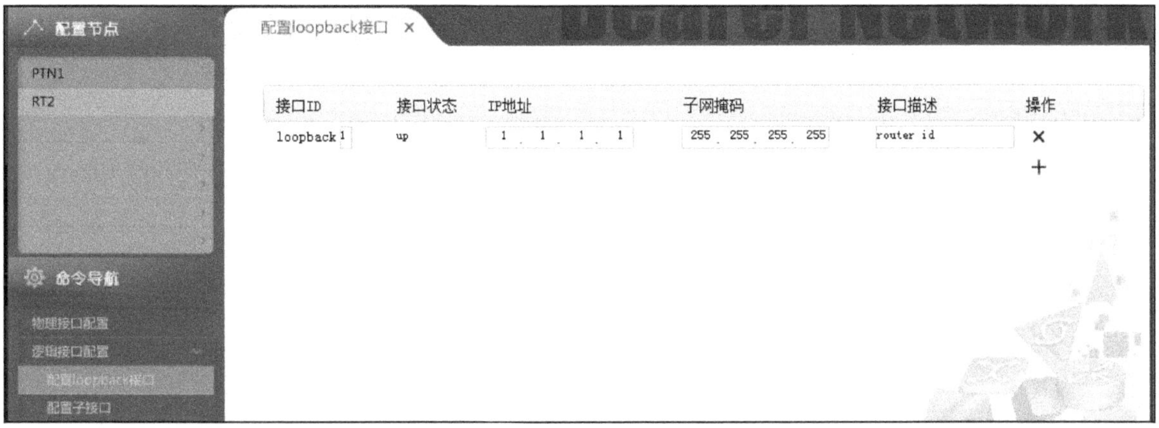

图 4-17　配置 loopback 接口

① 接口 ID：loopback 接口最多可以配置 4 个，在“loopback”后面的输入框中输入 1～4 当中的一个数字。

② 接口状态：loopback 接口永远处于“up”状态。

③ 操作：“+”代表新增一个 loopback 接口；“×”用于删除一个 loopback 接口。

（2）配置子接口

子接口默认没有，需要手动添加。配置子接口界面如图 4-18 所示。

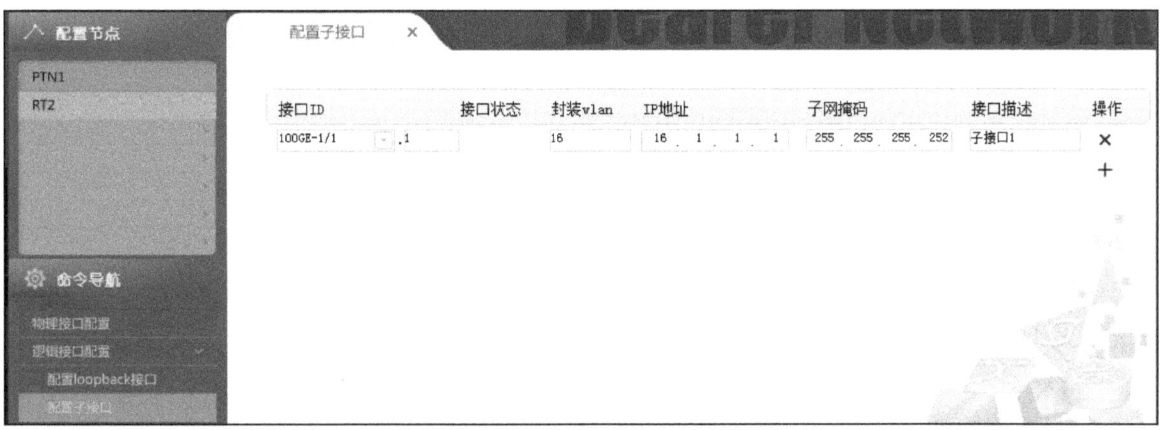

图 4-18　配置子接口

① 接口 ID：子接口 ID 分两部分。前面为物理接口 ID，通过下拉菜单选择物理接口。后一个框是子接口编号，范围为 1～4094。物理接口 ID 和子接口编号中间用“.”

隔开。

② 接口状态：子接口状态自动同步相关物理接口的状态。

③ 封装 vlan：每个子接口可以封装一个 VLAN ID。

④ 操作："+"代表新增一个子接口，"×"用于删除一个子接口。

3. 静态路由配置

静态路由默认没有，需要手动添加。静态路由配置界面如图 4-19 所示。

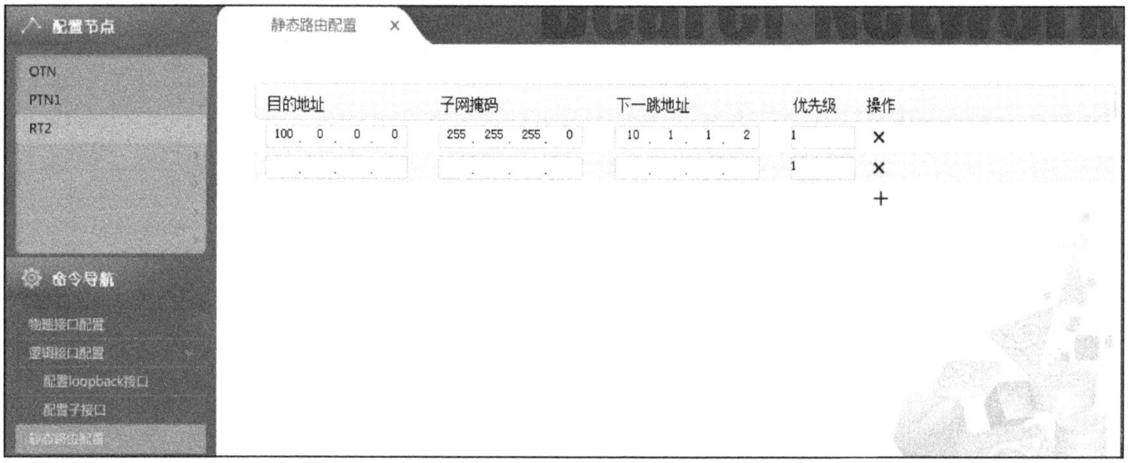

图 4-19 静态路由配置

① 目的地址：必须与子网掩码相匹配，一般填写目标网络地址。

② 子网掩码：与前面的目的地址相匹配。

③ 下一跳地址：非本设备的 IP 地址。

④ 优先级：默认为 1，可修改，范围为 1～255。如果输入的两条静态路由目的地址、子网掩码、优先级这 3 个参数相同，新的会覆盖旧的。如果两条路由目的地址、子网掩码相同，优先级不同，则两条都保留，可用于浮动静态路由的场景。

4. OSPF 路由配置

（1）OSPF 全局配置。

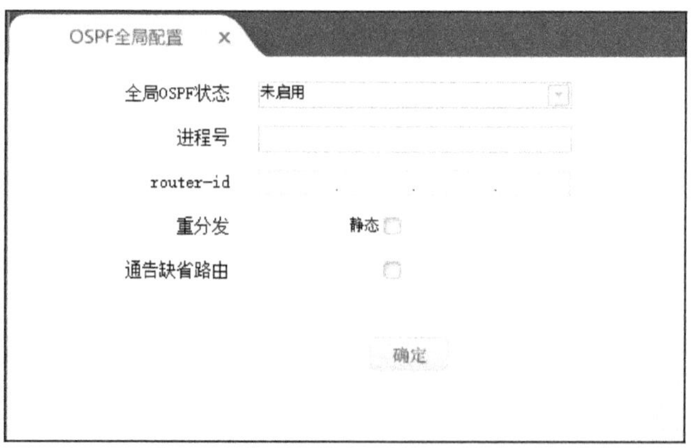

图 4-20 OSPF 全局配置

OSPF 全局配置主要配置一些 OSPF 的全局参数。配置界面如图 4-20 所示。

① 全局 OSPF 状态：默认未启用，选择启用后将打开路由器对 OSPF 协议的支持。

② 进程号：本设备有效，取值范围为 1～10，必配。

③ router-id：指定一个 IP 地址作为 router-id，必须全网唯一。

④ 重分发：当前版本支持重分发静态路由，后续迭代版本支持重分发直连路由。重分发的路由初始 cost 是 20。

⑤ 通告默认路由：由 OSPF 路由器通告一条默认路由给其他 OSPF 路由器。

（2）OSPF 接口配置。

只有在全局 OSPF 配置中的 OSPF 状态为“启动”时，才能进入 OSPF 接口配置。OSPE 接口配置界面如图 4-21 所示。

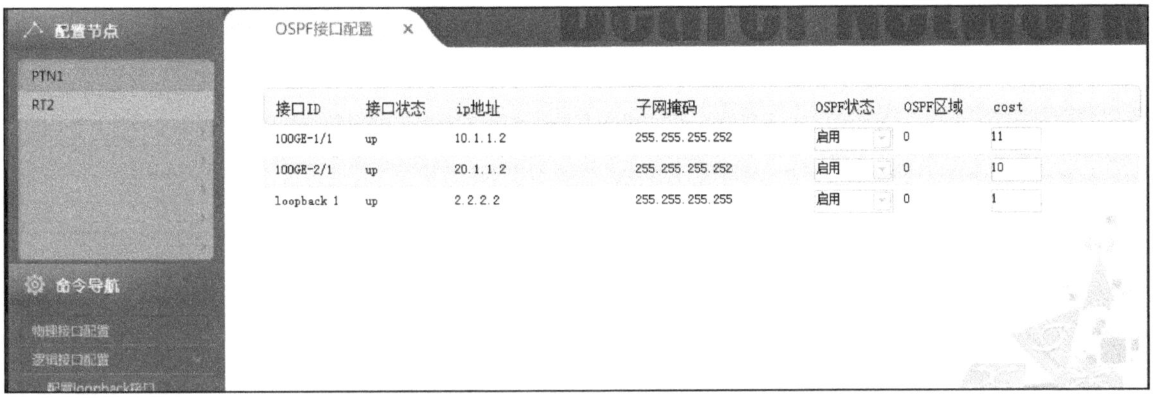

图 4-21　OSPF 接口配置

软件会自动将本设备所有状态为“up”的 IP 接口列出，没有 IP 地址的接口不可以启用 OSPF 协议。

① OSPF 状态：默认“未启用”。在 IP 接口上开启 OSPF，有两层含义：接口支持 OSPF 协议，成为 OSPF 接口，收发协议报文；接口所在链路信息（IP 网段）可以被 OSPF 所描述，用于 OSPF 拓扑计算，其他 OSPF 路由器可以通过计算找到到达此链路的最短路径。

② OSPF 区域：默认为 0，当前版本暂不支持修改。

③ cost：默认为 1，可以配置的范围为 1～65 535。

4.3.5.3　PTN 数据配置

PTN 的命令导航树如下：

（1）物理接口配置。

（2）逻辑接口配置。

① 配置 loopback 接口

② 配置 VLAN 三层接口

（3）静态路由配置。

（4）OSPF 路由配置。

① OSPF 全局配置

② OSPF 接口配置

当前版本 PTN 的配置主要体现其路由交换方面的特性，可以作为一个路由交换机进行配置。路由配置与路由器相同，以下仅介绍其与路由器不同的配置项。PTN 配置界面如图 4-22 所示。

图 4-22　PTN 配置界面示例

1. 物理接口配置

PTN 的物理接口可以配置 VLAN 模式、关联 VLAN 和接口描述。物理接口不可以被删除。PTN 物理接口配置界面如图 4-23 所示。

图 4-23　PTN 物理接口配置

（1）VLAN 模式：默认值为“access”，可以通过下拉菜单选择“access”或“trunk”。

（2）关联 VLAN：接口的关联 VLAN ID 默认值为 1，可以修改。可配置的 VLAN ID

范围为 1～4094。若接口 VLAN 模式为“access”，此接口关联 VLAN ID 只能有 1 个。若接口 VLAN 模式为“trunk”，此接口关联 VLAN ID 可以有多个，多个连续的 VLAN ID 使用“-”表示，如“10-20”；多个不连续的 VLAN 使用英文的“，”隔开，如“20，30，40”。

2. 逻辑接口配置——配置 VLAN 三层接口

PTN VLAN 三层接口配置如图 4-24 所示。

图 4-24　PTN VLAN 三层接口配置

4.3.5.4　配置示例

1. 单臂路由

单臂路由是实现 VLAN 间路由的常用方式，由路由器配置子接口封装不同 VLAN 来实现 VLAN 间的数据互通，同时交换机（PTN）只需划分好相应的 VLAN 即可。如图 4-25 所示，令分属 VLAN10 和 VLAN20 的两台 PC 能互相通信。

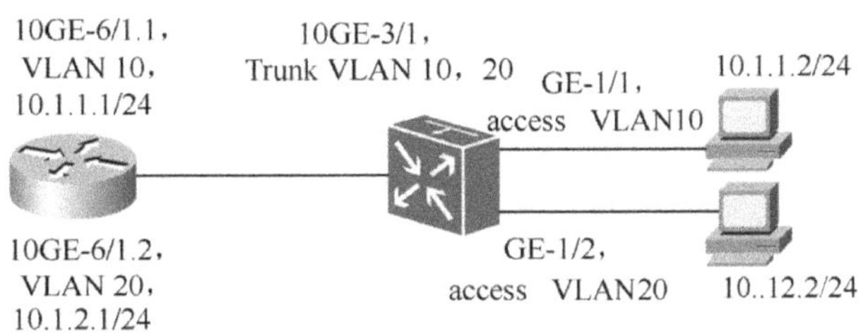

图 4-25　单臂路由配置拓扑

单臂路由的配置步骤如下。

① 创建路由器子接口，封装 VLAN，并配置 IP 地址，如图 4-26 所示。

② 按图 4-27 在 PTN 上配置 VLAN。

2. 静态路由

通过静态路由的配置，确保图 4-28 中各 PTN 的 loopback 地址能互通。

图 4-26　单臂路由配置步骤 1

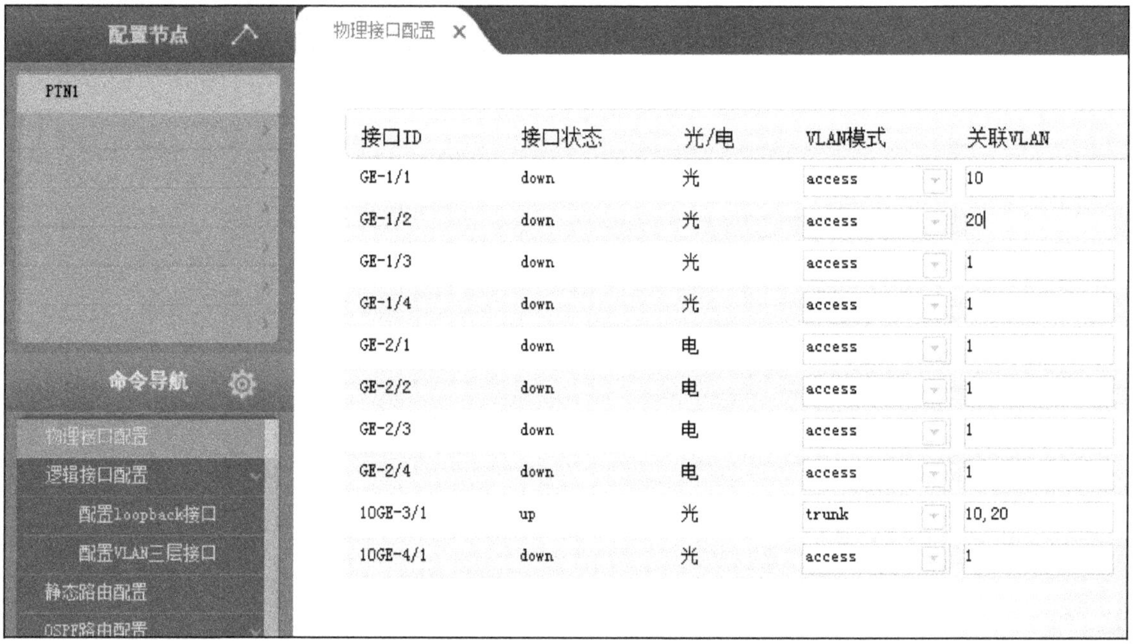

图 4-27　单臂路由配置步骤 2

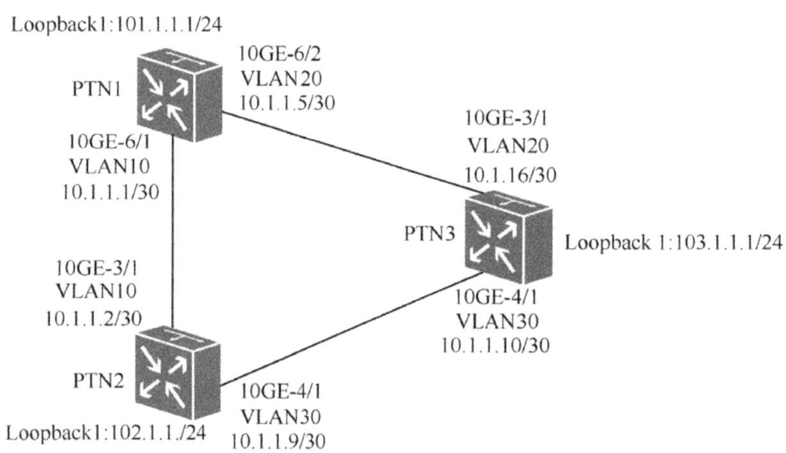

图 4-28　静态路由配置拓扑

静态路由的配置步骤如下。

（1）PTN1 的配置

① 配置 VLAN。在“物理接口配置”中的配置如图 4-29 所示。

10GE-6/1	up	光	access	10	
10GE-6/2	up	光	access	20	

图 4-29　静态路由配置步骤 1——配置 VLAN

② 配置 IP 地址。在“逻辑接口配置”中的配置如图 4-30 所示。

接口ID	接口状态	IP地址	子网掩码	接口描述
loopback 1	up	101.1.1.1	255.255.255.0	

接口ID	接口状态	IP地址	子网掩码	接口描述
VLAN 10	up	10.1.1.1	255.255.255.252	
VLAN 20	up	10.1.1.5	255.255.255.252	

图 4-30　静态路由配置步骤 1——配置 IP 地址

③ 配置静态路由。在“静态路由配置”中的配置如图 4-31 所示。

目的地址	子网掩码	下一跳	优先级
102.1.1.0	255.255.255.0	10.1.1.2	1
103.1.1.0	255.255.255.0	10.1.1.6	1

图 4-31　静态路由配置步骤 1——配置静态路由

（2）PTN2 的配置

① 配置 VLAN。在“物理接口配置”中的配置如图 4-32 所示。

10GE-3/1	up	光	access	10	
10GE-4/1	up	光	access	30	

图 4-32　静态路由配置步骤 2——配置 VLAN

② 配置 IP 地址。在“逻辑接口配置”中的配置如图 4-33 所示。

接口ID	接口状态	IP地址	子网掩码	接口描述
loopback 1	up	102.1.1.1	255.255.255.0	

接口ID	接口状态	IP地址	子网掩码	接口描述
VLAN 10	up	10.1.1.2	255.255.255.252	
VLAN 30	up	10.1.1.9	255.255.255.252	

图 4-33　静态路由配置步骤 2——配置 IP 地址

③ 配置静态路由。在“静态路由配置”中的配置如图 4-34 所示。

目的地址	子网掩码	下一跳	优先级
101.1.1.0	255.255.255.0	10.1.1.1	1
103.1.1.0	255.255.255.0	10.1.1.10	1

图 4-34　静态路由配置步骤 2——配置静态路由

（3）PTN3 的配置

① 配置 VLAN。在“物理接口配置”中的配置如图 4-35 所示。

10GE-3/1	up	光	access	20	
10GE-4/1	up	光	access	30	

图 4-35　静态路由配置步骤 3——配置 VLAN

② 配置 IP 地址。在“逻辑接口配置”中的配置如图 4-36 所示。

接口ID	接口状态	IP地址	子网掩码	接口描述
loopback 1	up	103.1.1.1	255.255.255.0	

接口ID	接口状态	IP地址	子网掩码	接口描述
VLAN 20	up	10.1.1.6	255.255.255.252	
VLAN 30	up	10.1.1.10	255.255.255.252	

图 4-36　静态路由配置步骤 3——配置 IP 地址

③ 配置静态路由。在“静态路由配置”中的配置如图 4-37 所示。

目的地址	子网掩码	下一跳	优先级
101.1.1.0	255.255.255.0	10.1.1.5	1
102.1.1.0	255.255.255.0	10.1.1.9	1

图 4-37　静态路由配置步骤 3——配置静态路由

3. OSPF 路由配置

通过 OSPF 路由的配置，确保图 4-38 中各 PTN 的 loopback 地址能互通，令 PTN1 的 loopback1 和 PTN2 的 loopback1 在互 Ping 时采用不同路径（VLAN、IP 等配置与上一例相同，本例只给出 OSPF 的配置）。

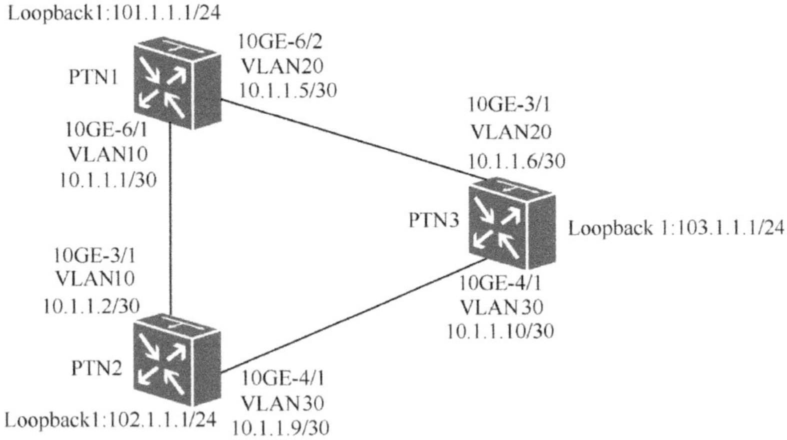

图 4-38　静态路由配置拓扑

（1）PTN1 的配置

① OSPF 全局配置，如图 4-39 所示。

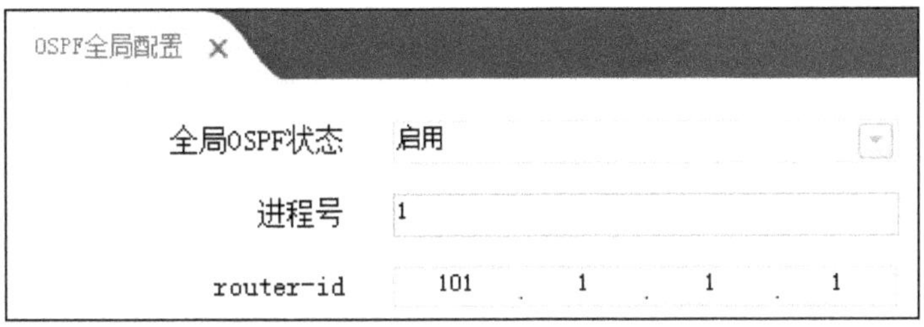

图 4-39　OSPF 路由配置步骤 1——OSPF 全局配置

② OSPF 接口配置，通过修改 cost 控制数据转发路径，如图 4-40 所示。

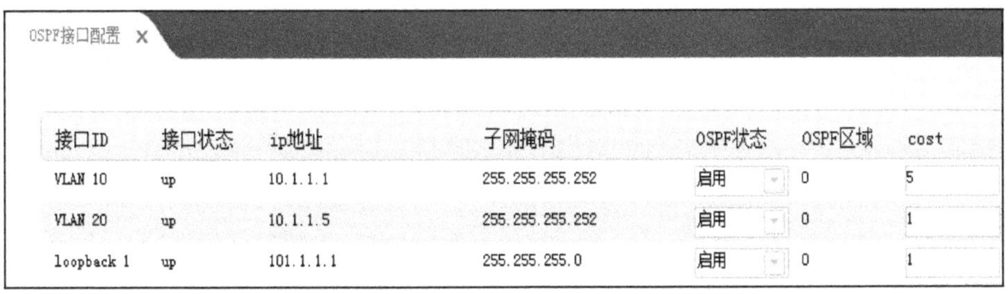
OSPF接口配置

接口ID	接口状态	ip地址	子网掩码	OSPF状态	OSPF区域	cost
VLAN 10	up	10.1.1.1	255.255.255.252	启用	0	5
VLAN 20	up	10.1.1.5	255.255.255.252	启用	0	1
loopback 1	up	101.1.1.1	255.255.255.0	启用	0	1

图 4-40　OSPF 路由配置步骤 1——OSPF 接口配置

（2）PTN2 的配置

① OSPF 全局配置，如图 4-41 所示。

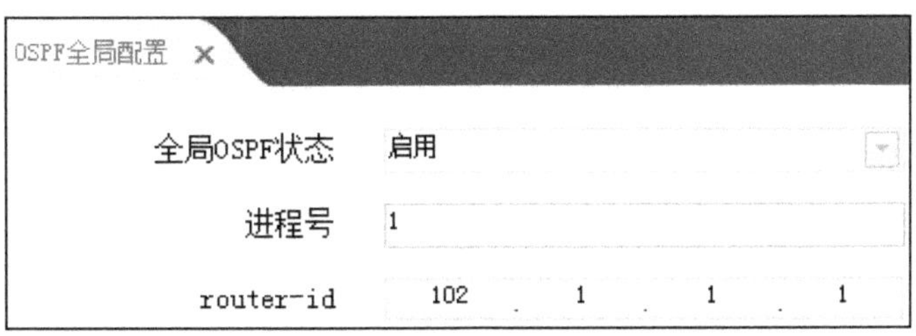

图 4-41　OSPF 路由配置步骤 2——OSPF 全局配置

② OSPF 接口配置，通过修改 cost 控制数据转发路径，如图 4-42 所示。

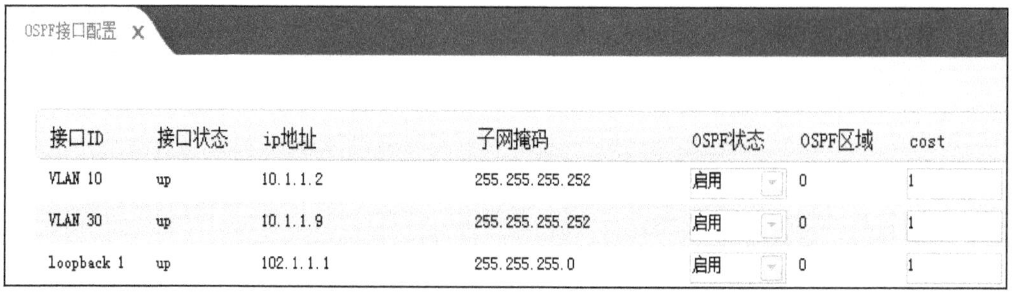
OSPF接口配置

接口ID	接口状态	ip地址	子网掩码	OSPF状态	OSPF区域	cost
VLAN 10	up	10.1.1.2	255.255.255.252	启用	0	1
VLAN 30	up	10.1.1.9	255.255.255.252	启用	0	1
loopback 1	up	102.1.1.1	255.255.255.0	启用	0	1

图 4-42　OSPF 路由配置步骤 2——OSPF 接口配置

（3）PTN3 的配置

① OSPF 全局配置，如图 4-43 所示。

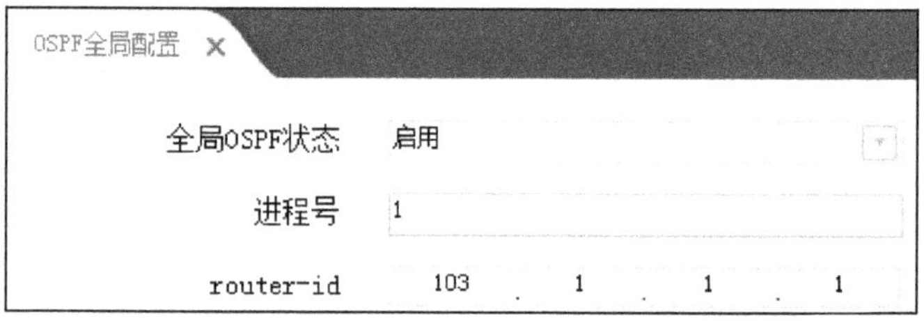

图 4-43　OSPF 路由配置步骤 3——OSPF 全局配置

② OSPF 接口配置，通过修改 cost 控制数据转发路径，如图 4-44 所示。

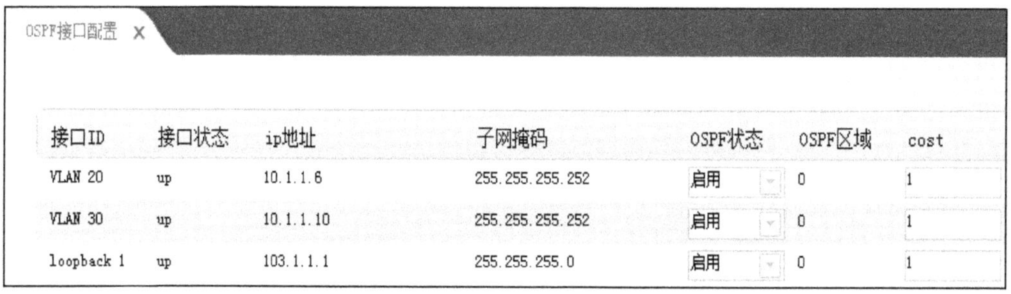
OSPF接口配置

接口ID	接口状态	ip地址	子网掩码	OSPF状态	OSPF区域	cost
VLAN 20	up	10.1.1.6	255.255.255.252	启用	0	1
VLAN 30	up	10.1.1.10	255.255.255.252	启用	0	1
loopback 1	up	103.1.1.1	255.255.255.0	启用	0	1

图 4-44　OSPF 路由配置步骤 3——OSPF 接口配置

4.3.6　OTN 数据配置

4.3.6.1　电交叉配置

电交叉配置采用连线完成。连线左边是客户侧单板，其接口通过连线可与右侧的线路侧接口某时隙形成交叉关系，如图 4-45 所示。

① CXT/CXR 接口：客户侧接口，其速率由单板决定。

② LXT/LXR 接口：线路侧接口，每个线路侧接口被划分成若干 TS（时隙）。

③ TS：时隙，现网中每个线路侧接口划分的时隙可以自由设置，但本软件中已固定。

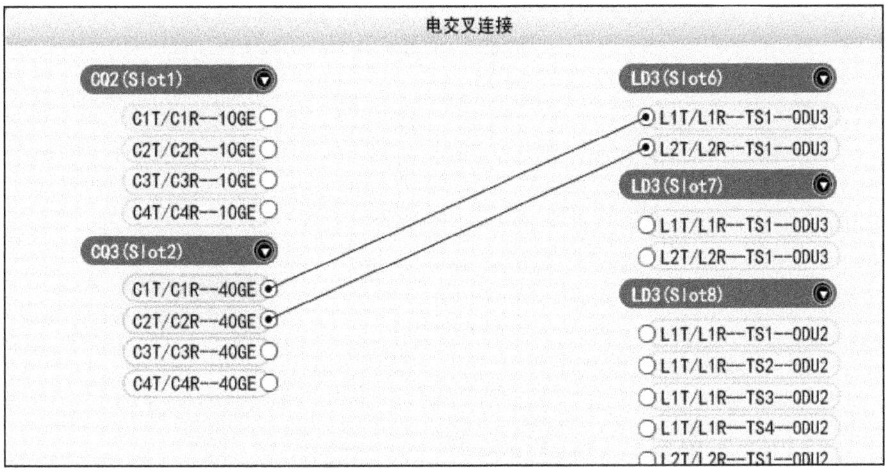

图 4-45　电交叉配置示例

④ ODU：每个时隙中用于封装业务信号的数据单元，注意其速率要与客户侧接口保持一致。

4.3.6.2　频率配置

频率配置界面如图 4-46 所示。

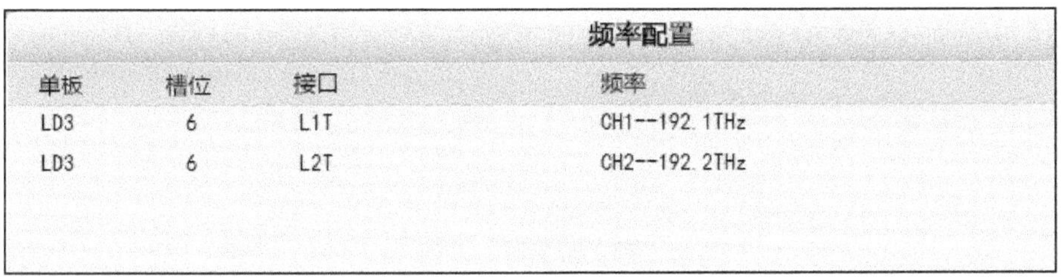
频率配置

单板	槽位	接口	频率
LD3	6	L1T	CH1--192.1THz
LD3	6	L2T	CH2--192.2THz

图 4-46　频率配置示例

① 单板：下拉选择单板类型。

② 槽位：下拉选择单板所在槽位。

③ 接口：下拉选择线路侧接口的发送端。只有发送端需要配置频率，接收端不需要配置频率。

④ 频率：本软件最多支持 10 个可选的频率，从 192.1～193.0 THz，默认频率为 192.1 THz。

第 5 章

4G 全网综合调试

📖 知识点

本章将介绍当网络建设部署完成后，当网络中存在一些故障导致用户接入失败时，如何利用系统提供的各种工具进行快速有效的故障定位和排查。

将分以下几个部分进行介绍。

- 4G 全网故障排查总流程
- LTE 承载网综合调试

5.1 4G 全网故障排查总流程

按照业务流程，在故障排查总思路指导下，以达到某城市某小区成功拨测为目的，4G 全网的故障排查思路总体分为两个部分，首先建议在实验室模式下完成无线及核心网单独调试，达成实验室模式下的拨测通过，此部分的详细介绍请参照《IUV-4G 移动通信技术》一书。接下来，完成工程模式下，承载网的调试及承载网与无线部分的对接，从而实现该小区在工程模式下的最终拨测成功。

总体的调试过程，如图 5-1 所示。

其中，无线及核心网实验室模式下的排查过程如下。

步骤 1：排查无线物理故障，查看跟该拨测小区相关的设备是否有物理告警信息。

① 机房-BBU，是否存在设备故障、接口故障、连线故障、链路故障。

② 机房-RRU，根据数据配置小区链路口配置找到制定 RRU，是否存在设备故障、连线故障、射频故障。

步骤 2：使用拨测工具，查看终端工程模式—信号状态，是否有无线信号，如果无信号显示，表示当前终端和基站直接的空口链接建立失败，业务观察的信息将会显示“搜索不到小区”故障。先排查拨测小区相关的基站无线配置、终端无线配置等。

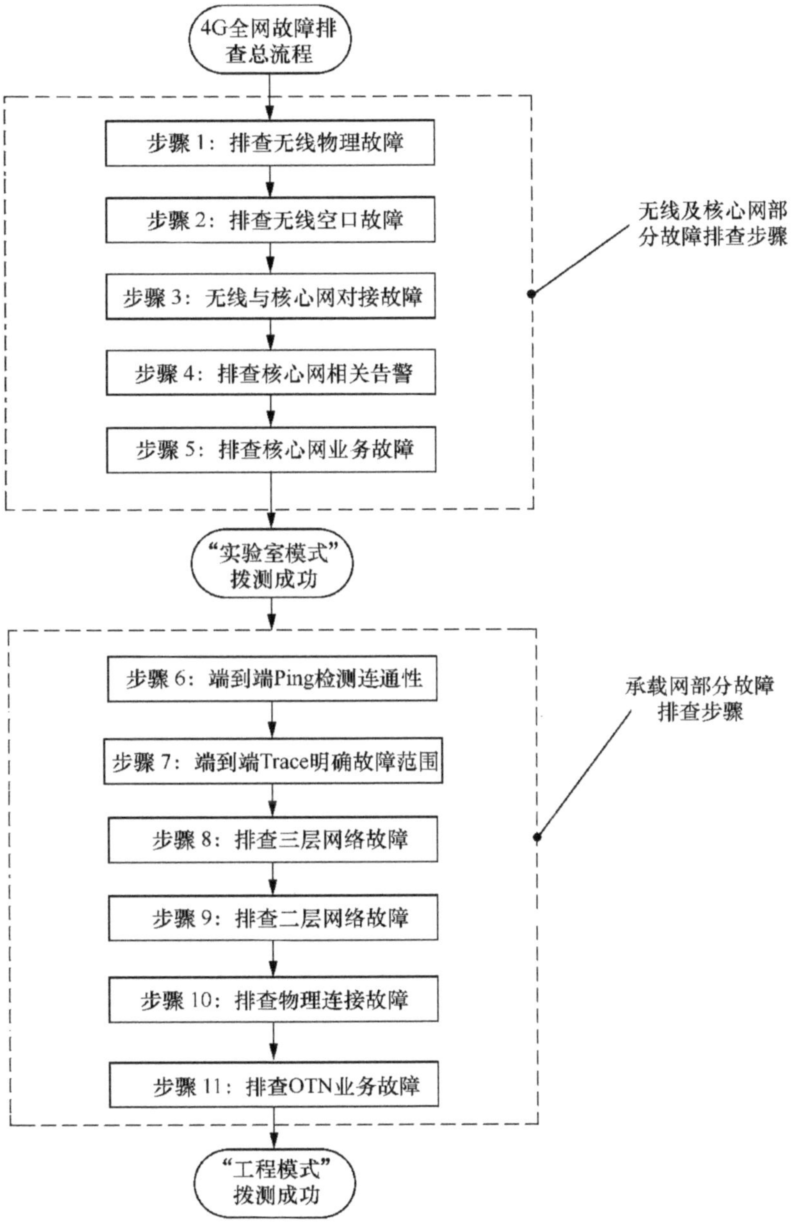

图 5-1 4G 全网故障排查总流程

步骤 3：如果经过前两个步骤排查后，终端工程模式—信号状态显示有无线信号，表示空口建链成功，此时如果拨测仍不成功，故障应该发生在无线和核心网对接，或者终端和核心网对接故障，具体分析见业务观察所提示的故障位置。

步骤 4：查看跟该拨测小区相关的机房设备是否有物理告警信息。

① 相关机房各个核心网网元（MME、SGW、PGW 及 HSS）是否存在设备故障、接口故障、连线故障告警、信令链路故障。

② 如果有如上相关告警，需要先排查掉所有告警，否则拨测失败，失败观察显示

“核心网信令故障”。

步骤 5：核心网告警消除后，使用拨测工具进行拨测，如果拨测失败，在业务观察中会显示相应的故障信息如“用户不存在”等故障。根据相关故障提示，对拨测小区相关的机房的核心网各个网元的数据配置、终端无线配置等进行排查。

承载网的故障排查步骤如下。

步骤 6：从核心网设备到无线 BBU，使用二者需要通信的 IP 地址，进行端到端的 Ping 测试。比如，对于拨测业务，要求 MME 的本地偶联 IP 与对端偶联 IP（即 BBU 的 IP）互相通信，且 SGW 与 eNodeB 之间对接 IP 需要互相通信。基于此，使用这两对 IP 地址分别做 Ping 测试，Ping 成功就表示拨测所需的承载网环境是连通的。若 Ping 不成功，进入步骤 7 分析。

步骤 7：两端 Ping 不成功时，使用 Trace 工具查找故障位置。Trace 的好处是能明确定位出数据包转发路径中在哪一点出现中断。需要注意的是，Trace 是基于 IP 转发路径，所以能定位到的必定是某一个路由器或 PTN，但具体是路由配置问题、IP 配置问题、VLAN 配置问题、物理连线问题，还是连接的 OTN 出现故障，就需要进一步排查。

步骤 8：使用 Trace 找到故障位置后，首先从该设备的路由表着手，检查三层配置。如果路由表中没有去往目的 IP 的路由，那么就要检查相应的 IP 地址配置和路由配置。

步骤 9：如果 IP 地址和路由的配置是正确的，那么问题可能出现在二层网络配置上，在本软件中主要是 VLAN 的配置。继续这一部分的检查，直至找到故障点，或者确认所有二层配置没有问题。

步骤 10：如果该路由器、PTN 的数据配置正确，那么就需要检查转发向下一跳的出接口状态是否为“up”。

步骤 11：通过步骤 8～步骤 10 检测，如果都未找出故障，则认为定位到的路由器或 PTN 配置和连线正确，开始检查出接口连接的 OTN 设备连线和配置。

通过步骤 1～步骤 11，基本可以定位并排查出工程模式下核心网与 eNodeB 通信故障。

5.2 LTE 承载网综合调试

5.2.1 调试工具介绍

本仿真软件为承载网产品模块提供了 5 种调试工具，帮助使用者对系统问题进行调试及排查，5 种工具分别是：告警、Ping、Trace、光路检测、状态查询。接下来，将分别介绍这 5 种工具的功能和使用方法。

5.2.1.1 告警

承载网告警界面如图 5-2 所示。单击“业务调测”，默认进入工具中的“告警”。屏幕左侧会显示设备配置及连线后的设备连接关系。

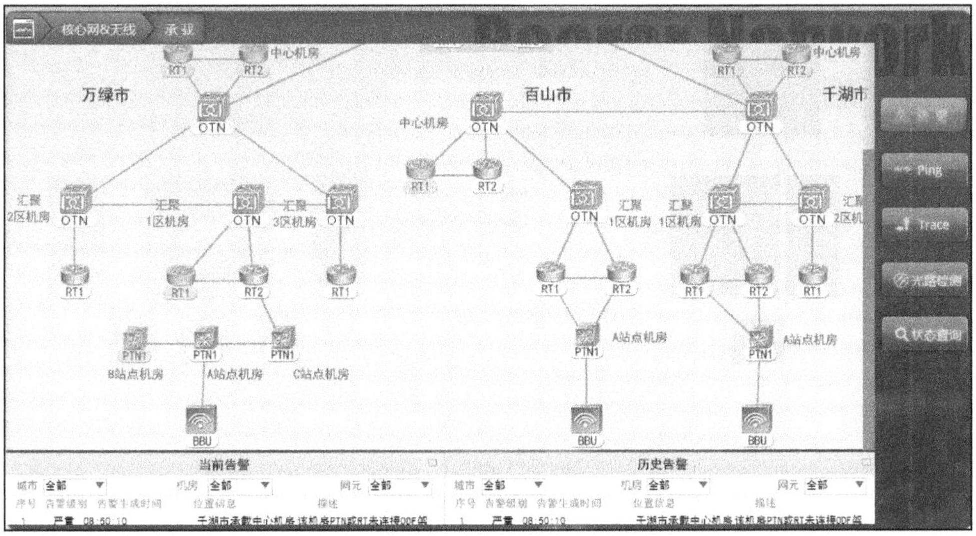

图 5-2　承载网告警界面

告警可理解为某种类型的网络故障或隐患，由软件根据用户的配置自动生成。并不是说有告警网络的业务就一定不通，没有告警业务就一定通。很多故障并不会通过告警直接展示出来，比如静态路由下一跳 IP 地址写成另一个而导致业务不通，系统并不会出现静态路由出错的告警，因为配置命令本身没有错，系统也不知道最终要测试的业务是否要使用这条路由。所以，用户还需要熟练使用其他的调测工具来帮助判断故障。

告警信息分两部分，分别是当前告警和历史告警。当前告警为当前实时存在且尚未解决的告警。历史告警为曾经出现但已经消失的告警。

在页面下方的告警信息中，会将产生告警的设备、机房、原因等信息列出，以便于定位故障。

展开的告警信息可以定位到告警位置，如图 5-3 所示。

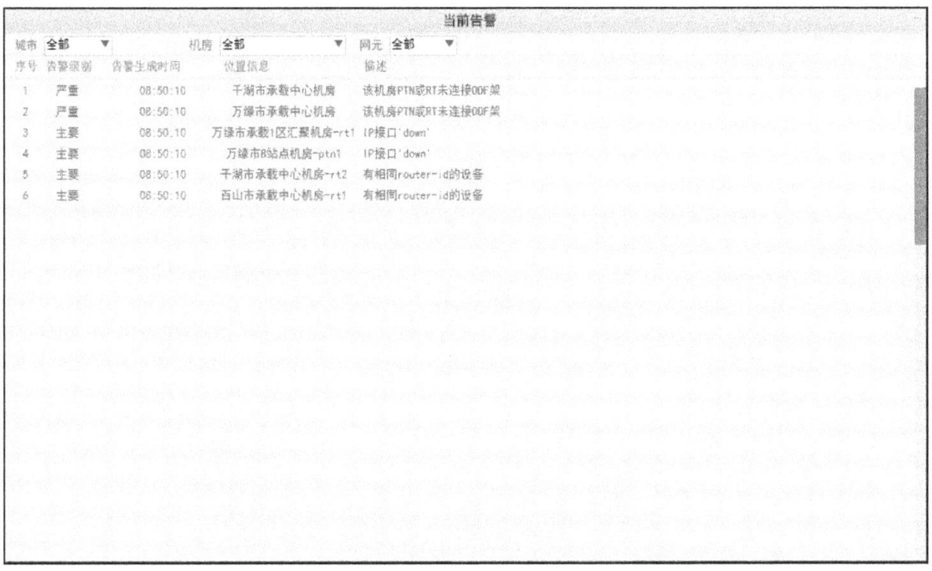
当前告警

城市 全部　机房 全部　网元 全部

序号	告警级别	告警生成时间	位置信息	描述
1	严重	08:50:10	千湖市承载中心机房	该机房PTN或RT未连接ODF架
2	严重	08:50:10	万绿市承载中心机房	该机房PTN或RT未连接ODF架
3	主要	08:50:10	万绿市承载1区汇聚机房-rt1	IP接口'down'
4	主要	08:50:10	万绿市B站点机房-ptn1	IP接口'down'
5	主要	08:50:10	千湖市承载中心机房-rt2	有相同router-id的设备
6	主要	08:50:10	百山市承载中心机房-rt1	有相同router-id的设备

图 5-3　详细告警信息

表 5-1 列出软件中承载网常见的告警及说明。

表 5-1　承载网设备常见告警及说明

告警类型	告警信息	说　明
设备配置	未部署 IP 承载设备	仅作为提示，实际操作时并不要求所有机房都配置
设备配置	未部署 OTN 设备	仅作为提示，实际操作时并不要求所有机房都配置
设备配置	IP 承载设备与 OTN 设备无连接	对于省骨干网机房、市中心机房、汇聚机房，已部署的路由器/PTN 需要通过 OTN 与其他机房互联，若未连接 OTN 会有告警提示
设备配置	IP 承载设备未正确连接 ODF 架	对于市中心机房、承载 1 区汇聚机房、站点机房，路由器/PTN 有直接连接 ODF 后与其他机房互联的情况，若没有这个连接会有告警提示
设备配置	OTN 设备内部连线不完整	OTN 的内部连线有错误，需要关注，会影响业务数据转发
设备配置	OTN 设备未正确连接 ODF 架	OTN 的 OBA 或 OPA 单板与 ODF 架接口间连接错误，会影响业务数据转发
设备配置	接口速率不匹配	两台路由器/PTN 间互联接口速率不同，或路由器/PTN 与 OTN 互联接口速率不同，会影响业务数据转发
数据配置	路由器没有配置 IP 地址	没有配置 IP 地址的路由器不能转发数据
数据配置	IP 接口“down”	路由器/PTN 配置了 IP 地址的接口处于“down”状态，此接口不能转发数据
数据配置	路由器没有有效路由	路由器的路由表中没有路由，不能转发数据
数据配置	与其他设备 router-id 冲突	本设备的 OSPF router-id 与其他设备冲突时，会导致网络中 OSPF 路由学习的混乱，且相同 router-id 的设备不能形成邻居关系
数据配置	OSPF 路由器所有接口 OSPF 状态未启用	本设备全局 OSPF 状态为“启用”，但所有 IP 接口没有启用 OSPF，这种情况下无法与其他设备建立 OSPF 邻居关系
数据配置	电交叉配置存在速率不匹配	OTN 的电交叉配置左右两端速率不同，会影响业务数据转发

5.2.1.2　状态查询

状态查询提供对路由器、PTN、OTN 的数据配置结果进行查询，并显示结果。

通过状态查询，可以发现可能的故障点。单击右侧工具栏的“状态查询”，将鼠标移动到左侧的设备上，系统会列出此设备可以查询哪些信息，如图 5-4 所示。

1. 物理接口查询

物理接口在路由器/PTN 可查询，列出该设备所有物理接口的状态和配置，查询结果如图 5-5 所示。

2. VLAN 查询

VLAN 在 PTN 可查询，列出该设备所有 VLAN 及其关联的物理接口，查询结果如图 5-6 所示。

① Untagged 接口：表示此 VLAN 关联的这个接口是“access”模式。

② Tagged 接口：表示此 VLAN 关联的这个接口是“trunk”模式。

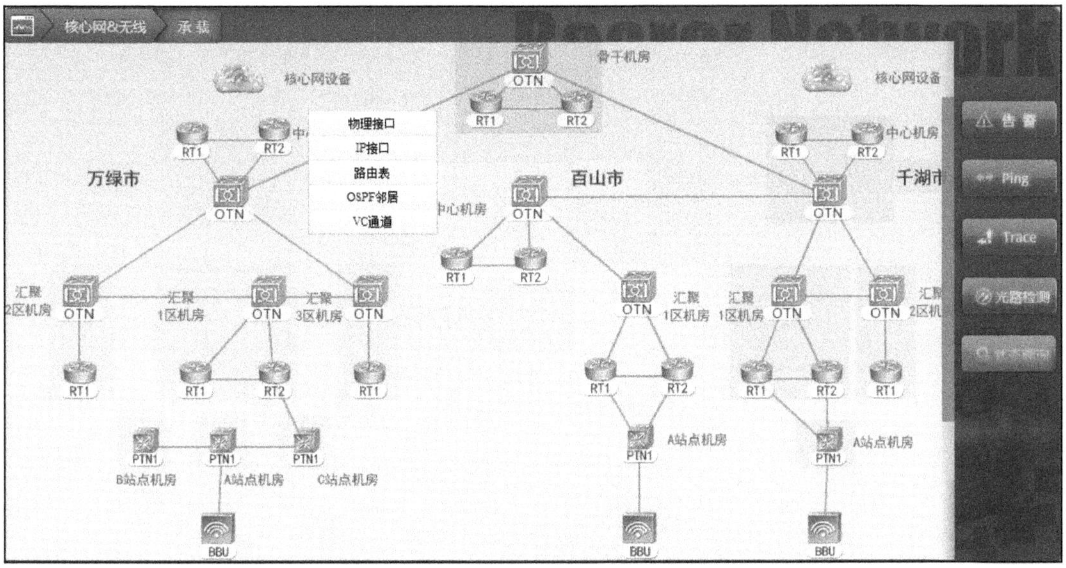

图 5-4　状态查询

物理接口

接口ID	接口状态	光/电	IP地址	子网掩码	接口描述
100GE-1/1	up	光			
100GE-2/1	down	光			
100GE-3/1	up	光			
100GE-4/1	up	光			
100GE-5/1	down	光			
40GE-6/1	down	光			

图 5-5　物理接口查询示例

VLAN

VLAN ID	untagged接口	tagged接口
1	GE-1/1　GE-1/2　GE-1/3　GE-1/4　GE-2/1　GE-2/2　GE-2/3　GE-2/4	
10	10GE-3/1	
20	10GE-4/1	

图 5-6　VLAN 查询示例

3．IP 接口查询

IP 接口在路由器/PTN 可查询，列出该设备所有配置了 IP 地址的接口状态和配置，查询结果如图 5-7 所示。

路由器可配置 IP 地址的接口包括物理接口、loopback 接口和子接口。PTN 可配置 IP 地址的接口包括 loopback 接口和 VLAN 三层接口。

IP接口

接口ID	接口状态	IP地址	子网掩码	接口描述
100GE-1/1	up	192.168.4.1	255.255.255.252	
100GE-2/1	up	192.168.2.2	255.255.255.252	
40GE-6/1	up	192.168.5.1	255.255.255.252	
40GE-7/1	up	192.168.13.1	255.255.255.252	
loopback1	up	2.2.2.12	255.255.255.255	

图 5-7　IP 接口查询示例

4. 路由表查询

路由表在路由器/PTN 可查询，列出该设备所有路由，查询结果如图 5-8 所示。路由表中的路由遵循最长匹配原则。

路由表

目的地址	子掩码	下一跳	出接口	来源	优先级	度量值
192.168.13.0	255.255.255.252	192.168.13.1	40GE-7/1	direct	0	0
192.168.13.1	255.255.255.252	192.168.13.1	40GE-7/1	address	0	0
192.168.2.0	255.255.255.252	192.168.2.2	100GE-2/1	direct	0	0
192.168.2.2	255.255.255.252	192.168.2.2	100GE-2/1	address	0	0
192.168.4.0	255.255.255.252	192.168.4.1	100GE-1/1	direct	0	0
192.168.4.1	255.255.255.252	192.168.4.1	100GE-1/1	address	0	0
192.168.5.0	255.255.255.252	192.168.5.1	40GE-6/1	direct	0	0
192.168.5.1	255.255.255.252	192.168.5.1	40GE-6/1	address	0	0
2.2.2.12	255.255.255.255	2.2.2.12	loopback1	address	0	0
172.152.1.0	255.255.255.252	192.168.2.1	100GE-2/1	OSPF	110	2
172.152.10.0	255.255.255.252	192.168.2.1	100GE-2/1	OSPF	110	6
172.152.11.0	255.255.255.252	192.168.2.1	100GE-2/1	OSPF	110	8
172.152.13.0	255.255.255.252	192.168.2.1	100GE-2/1	OSPF	110	7
172.152.2.0	255.255.255.252	192.168.2.1	100GE-2/1	OSPF	110	3
172.152.3.0	255.255.255.252	192.168.2.1	100GE-2/1	OSPF	110	3

图 5-8　路由表查询示例

5. OSPF 邻居查询

OSPF 在路由器/PTN 可查询，列出该设备所有 OSPF 邻居，查询结果如图 5-9 所示。

① 邻居 router-id：邻居的 router-id。需要注意的是，两台设备间可能通过多条链路形成邻居关系，这时看到的多个邻居都用相同的 router-id 表示。

② 邻居接口 IP：邻居侧与本设备形成邻居关系的接口所关联的 IP 地址。

③ 本端接口 IP：本端与邻居形成邻居关系的接口所关联的 IP 地址。与邻居接口 IP 应属于同一网段，从而能判断出本端与邻居是通过哪个网段形成邻居。

④ 本端接口：本端通过哪个接口形成邻居关系。

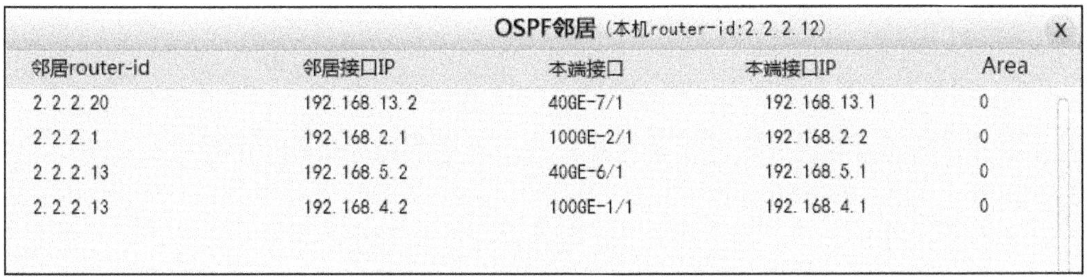
OSPF邻居 (本机router-id:2.2.2.12)

邻居router-id	邻居接口IP	本端接口	本端接口IP	Area
2.2.2.20	192.168.13.2	40GE-7/1	192.168.13.1	0
2.2.2.1	192.168.2.1	100GE-2/1	192.168.2.2	0
2.2.2.13	192.168.5.2	40GE-6/1	192.168.5.1	0
2.2.2.13	192.168.4.2	100GE-1/1	192.168.4.1	0

图 5-9　OSPF 邻居查询示例

6. 电交叉配置

电交叉配置在 OTN 上可查询，列出本 OTN 的电交叉配置，查询结果如图 5-10 所示。

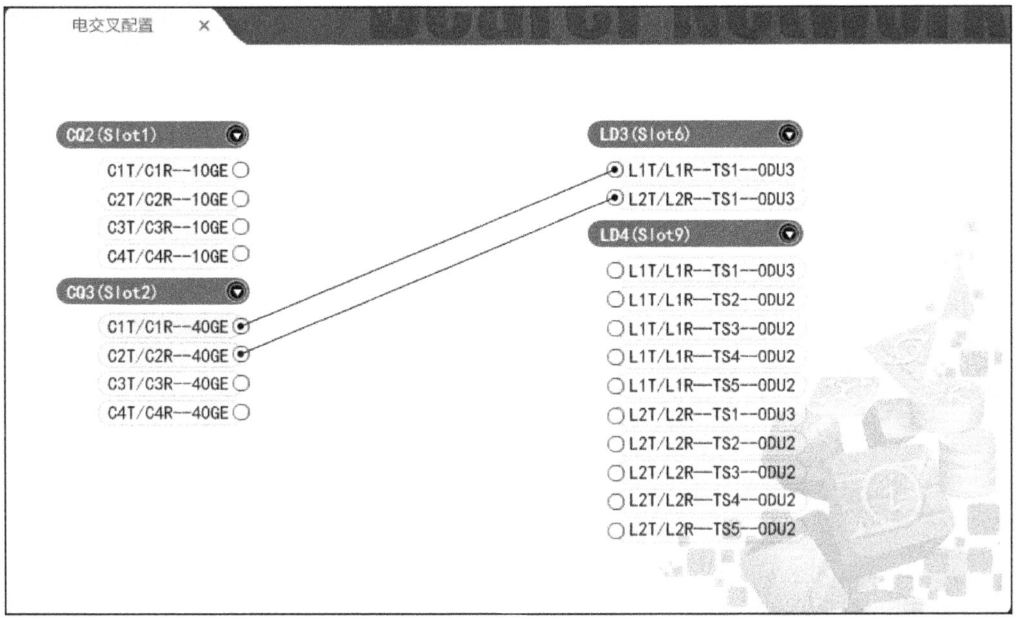

图 5-10　电交叉配置查询示例

7. 频率配置

频率配置在 OTN 上可查询，列出本 OTN 的频率配置，查询结果如图 5-11 所示。

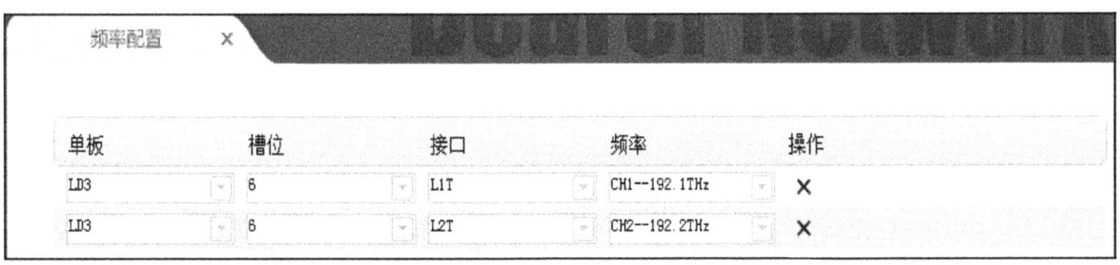
频率配置

单板	槽位	接口	频率	操作
LD3	6	L1T	CH1--192.1THz	×
LD3	6	L2T	CH2--192.2THz	×

图 5-11　频率配置查询示例

5.2.1.3　光路检测

光路检测用于检测两个 OTN 客户侧接口的光路是否畅通。原理类似于在两个客户侧接口间发光和收光，如图 5-12 所示。如果其间的连接或配置有错误，在下方会提示错误信息。如果光路没有问题，在下方提示检测通过。

选中光路检测后，将鼠标移动到左侧设备图中某 OTN 上，会出现选择菜单。

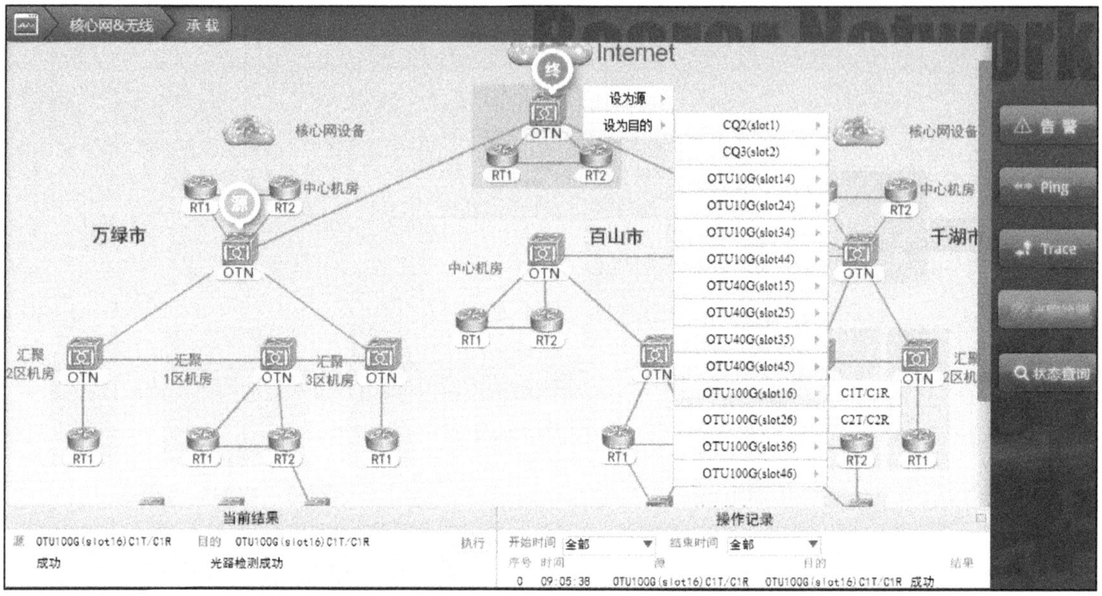

图 5-12　光路检测

① 设为源/设为目的：将该 OTN 设为光路检测的源或目的端。

② 槽位（单板）：选择要进行检测的单板。

③ CXT/CXR：选择要进行检测的客户侧接口。

5.2.1.4　Ping

Ping 是检测两个 IP 地址间能否互相通信的重要工具，如图 5-13 所示。

单击右侧工具“Ping”按钮，在屏幕左侧设备连接图中选择源、目的设备及 IP 地址。

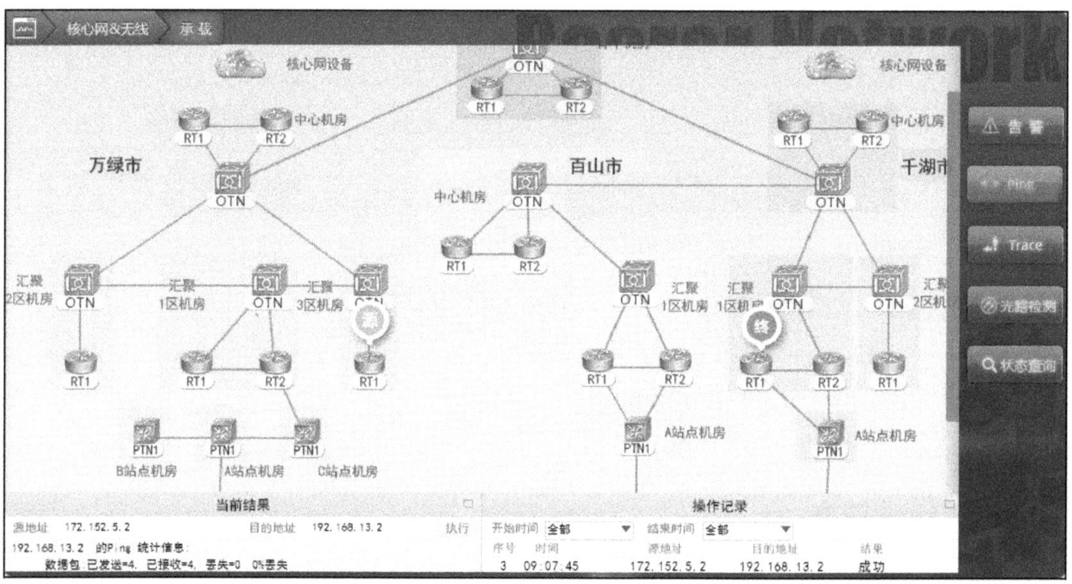

图 5-13　Ping

在左下方的结果反馈框中，选择“执行”，即可完成一次 Ping 操作，并实时反馈 Ping 的结果。如果显示“数据包：已发送=4，已接收=4，丢失=0，0%丢失”，表示 Ping 成功；如果显示“数据包：已发送=4，已接收=0，丢失=4，100%丢失”，表示 Ping 不成功。

在右下方的信息框中将显示历史 Ping 操作记录。

5.2.1.5　Trace

Trace 用于跟踪从源 IP 到目的 IP 地址的转发路径，是判断路径中故障点的重要工具。

如图 5-14 所示，单击右侧工具“Trace”按钮，在屏幕左侧设备连接图中选择源、目的设备及 IP 地址。

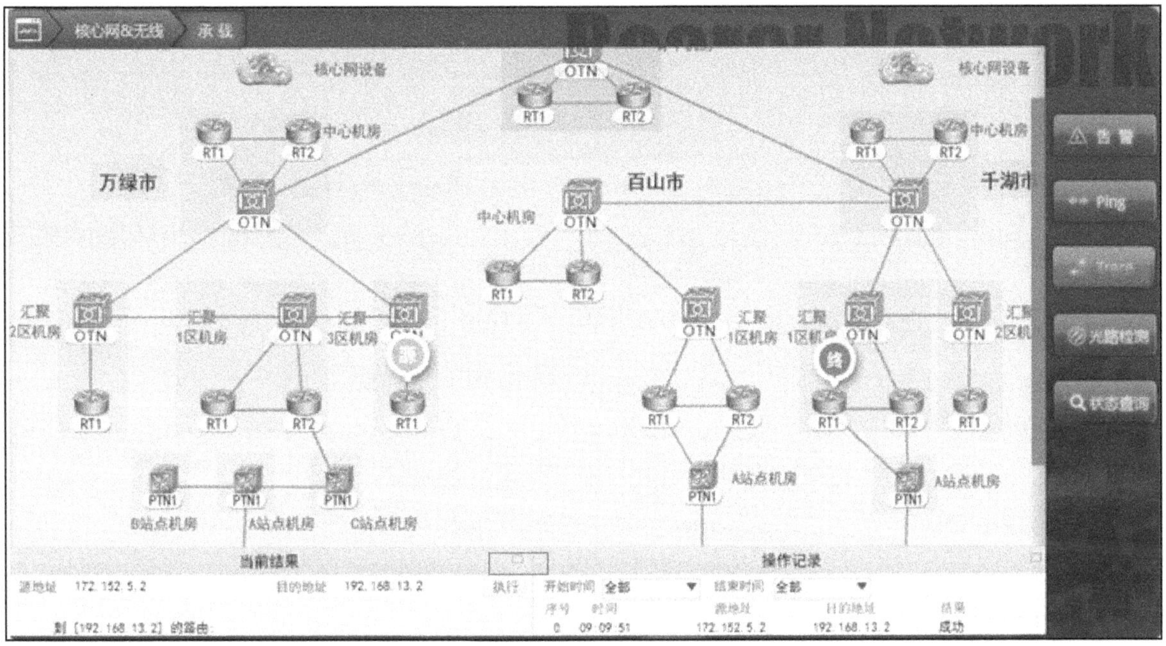

图 5-14　Trace

在图 5-14 左下方的结果反馈框中，选择“执行”，即可完成一次 Trace 操作，并实时反馈 Trace 的结果，最多显示 20 个节点，如图 5-15 所示。

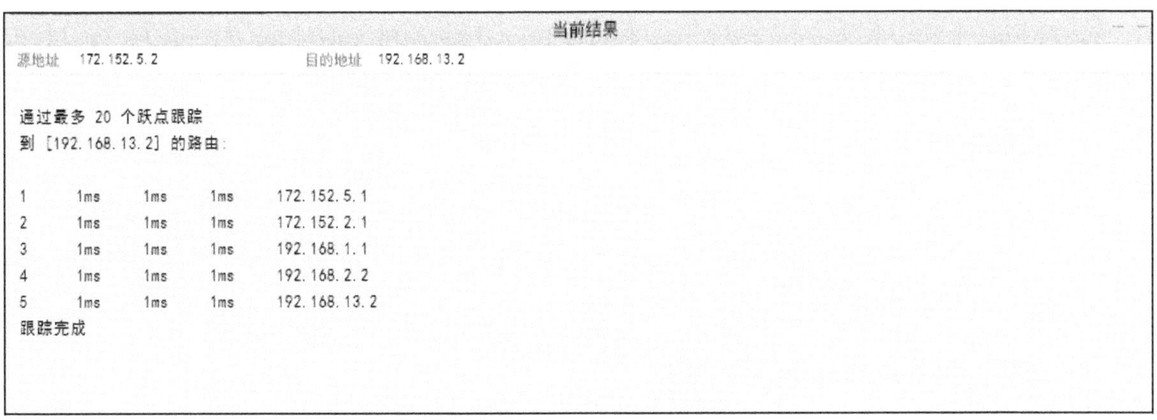

图 5-15　Trace 的详细结果

如果 Trace 跟踪到某个节点，数据包无法继续转发，此节点之后将不再显示 IP 地址，而是显示“***请求超时”，据此可判断出故障的大概位置，如图 5-16 所示。

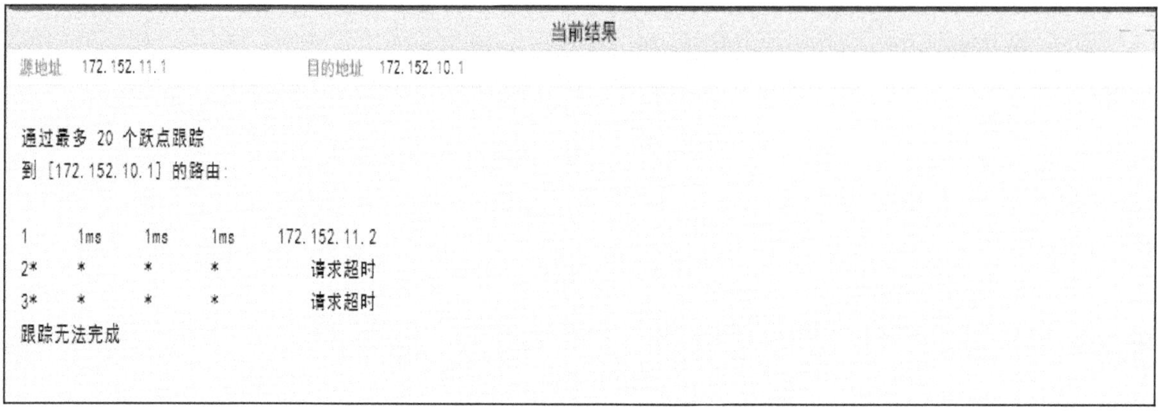

图 5-16 Trace 无法完成

Trace 工具界面右下方“操作记录”信息框中将显示历史 Trace 操作记录。

5.2.2 承载网故障排查方法及案例分析

5.2.2.1 承载网故障排查方法

故障处理系统化是合理地一步一步找出故障原因，并解决故障的总体原则。其基本思想是系统化地将故障的所有可能原因缩减或者隔离成几个小的部分，从而使问题的复杂度降低。有序的故障处理思路将有助于解决所遇到的问题。

下面针对本软件的特点给出详细的故障排查方法和步骤。

1. 故障现象观察

要对网络故障进行准确分析，首先应该了解故障的各种现象，然后才能确定可能产生这些现象的故障根源。因此，对网络故障做出完整、清晰的描述是一个重要步骤。

2. 故障信息采集

了解清楚故障现象后，需要进一步搜集有助于故障定位的详细信息。这些信息包括在调试工具的“状态查询”中所能观察到的信息，还有 Ping、Trace、光路检测等工具的测试结果。

3. 经验分析和理论判断

利用前两个步骤收集到的信息，并根据自己以往的故障处理经验和所掌握的网络设备和协议的知识，来确定排错范围。通过划分范围，确定需要关注的故障或与故障情况相关的那一部分网络设备、传输介质或终端。

4. 整理可能原因的列表

如果故障比较复杂，整理一张表格，列出根据经验判断和理论分析后总结的各种可能原因，并针对每一种可能的原因制定出详细的操作排查步骤。

这一步骤当中需要注意的是：每次操作进行只进行一次改动，这样才有助于确定是否该操作才会导致故障的消失。如果做了多处配置的变动，即使故障消失，也不知道是哪个命令解决故障的。一旦制定好计划，就可以细心地实施这个计划了。

5. 对每一项可能原因进行排错和验证，并观察结果

当实施操作计划时，应该注意，每次只能做一个修改。如果修改成功，那么修改的结果应该进行分析并记录。如果修改没有成功，应该立即撤消这个修改。同样重要的是应该按照计划来进行操作，不要盲目乱改，以免造成新的故障。

6. 循环进行故障排查

当一个故障排查方案没有解决故障时，进入到循环故障排查阶段。

在进行下一个循环之前，必须将网络恢复到实施上一个方案前的状态。如果保留上一个实施方案对于网络的改动，则有可能导致新的问题。

循环排错有以下两个切入点。

① 针对某一个可能原因的排错方案没有达到预期的效果，则执行下一个排错方案。

② 如果所有的方案都没有起到效果，则需要重新搜集故障信息，制定新的排错方案。

反复进行这个步骤，直到故障被最终定位。

5.2.2.2　承载网故障排查案例一

万绿市中心机房 RT1 通过 OTN 与万绿市汇聚 1 区机房 PTN1 对接，二者启用 OSPF，应该形成 OSPF 邻居关系，其网络拓扑如图 5-17 所示。

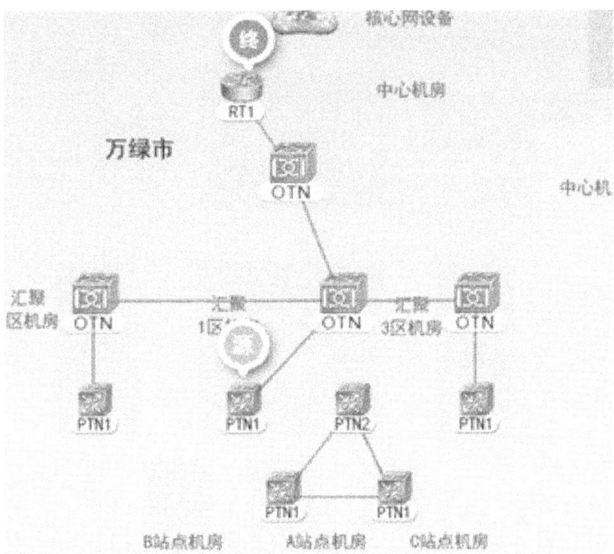

图 5-17　故障案例一：网络拓扑

1. 故障现象观察

万绿市承载汇聚 1 区机房 PTN1（以下简称 PTN1）与万绿市承载中心机房 RT1（以

下简称 RT1）无法形成 OSPF 邻居关系。

2. 故障信息采集

在调测工具“状态查询”中，中查看 PTN1 的 OSPF 邻居，没有发现 RT1 的邻居条目，如图 5-18 所示。

OSPF邻居（本机router-id:216.28.55.32）

邻居router-id	邻居接口IP	本端接口	本端接口IP	Area

图 5-18　故障案例一：查看 OSPF 邻居

从 PTN1 上 Ping RT1 的 OSPF 接口地址，Ping 不成功，如图 5-19 所示。

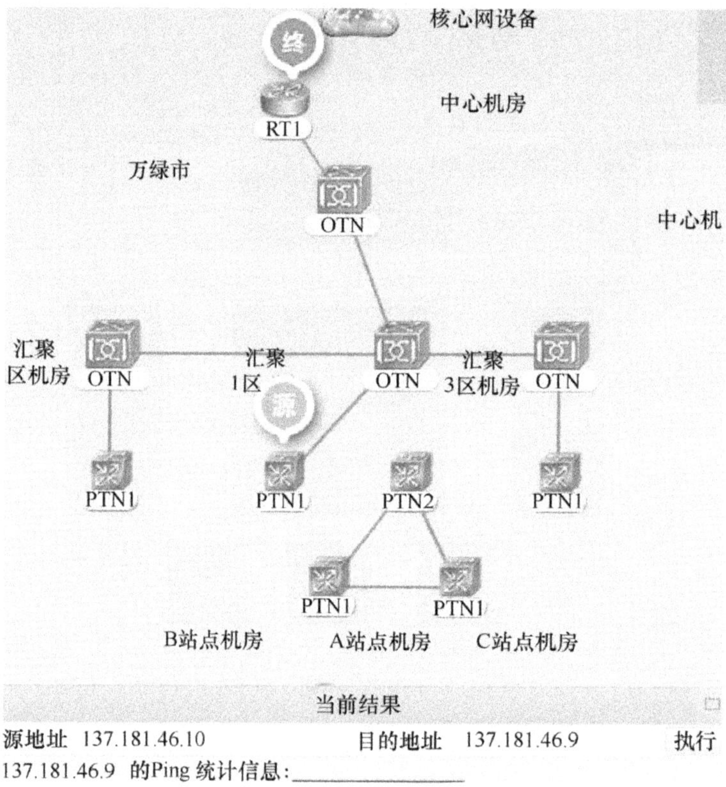

图 5-19　故障案例一：接口地址互 Ping

3. 经验分析和理论判断

由于 PTN1 与 RT1 形成 OSPF 的接口属于同一网段，分析可能是由于 PTN1 与 RT1 对接参数配置错误，或者是其间的线缆连接有误。

4. 整理可能原因的列表

① 两端接口 IP 地址或子网掩码不匹配；

② 两端接口 VLAN 配置不匹配；
③ 两端接口间线缆连接有问题；
④ 两端接口间的 OTN 配置有错误。

5. 对每一项可能原因进行排错和验证，并观察结果。

① 检查两端接口 IP 地址配置。
PTN1 的 IP 地址如图 5-20 所示。

IP接口				
接口ID	接口状态	IP地址	子网掩码	接口描述
loopback|1	up	216.28.55.32	255.255.255.255	
VLAN|176	up	137.181.46.10	255.255.255.252	to wl-cen RT1

图 5-20　故障案例一：PTN1 的 IP 配置

RT1 的 IP 地址如图 5-21 所示。

IP接口				
接口ID	接口状态	IP地址	子网掩码	接口描述
40GE-6/1	up	137.181.46.9	255.255.255.252	to wl-agg1 PTN1 1
loopback|1	up	216.28.55.31	255.255.255.255	

图 5-21　故障案例一：RT1 的 IP 配置

检查结果：两端配置正确。可排除此原因。
② 检查两端接口 VLAN 配置。
PTN1 的 VLAN 配置，为“access”模式，如图 5-22 所示。

物理接口					
接口ID	接口状态	光/电	VLAN模式	关联VLAN	接口描述
40GE-1/1	up	光	access	176	to wl-cen RT1 6/1

图 5-22　故障案例一：PTN1 的 VLAN 配置

RT1 与 PTN1 对接为物理接口，其配置如图 5-23 所示。

接口ID	接口状态	光/电	IP地址	子网掩码	接口描述
100GE-1/1	down	光	...	...	
100GE-2/1	down	光	...	...	
100GE-3/1	down	光	...	...	
100GE-4/1	down	光	...	...	
100GE-5/1	down	光	...	...	
40GE-6/1	up	光	137.181.46.9	255.255.255.252	to wl-agg1 PTN 1/1

图 5-23　故障案例一：RT1 的物理接口配置

检查结果：两端配置正确。

③ 使用光路检测工具，检测两端 OTN 客户侧接口间连线是否正确，如图 5-24 所示。

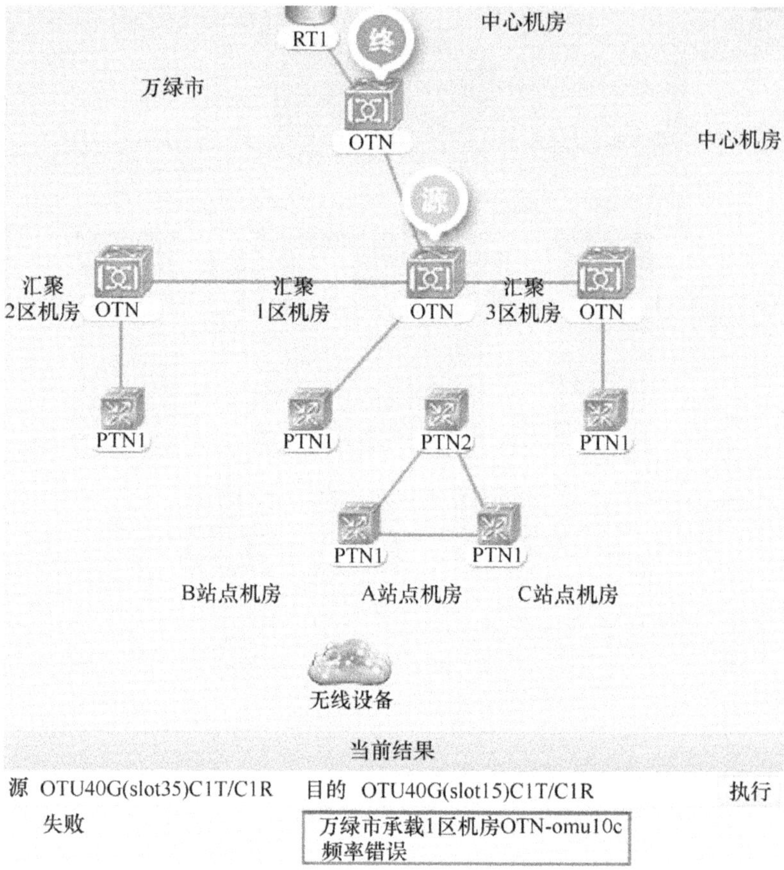

图 5-24　故障案例一：光路检测

检查结果：系统提示万绿市承载汇聚 1 区机房 OTN 的 OMU 单板频率不匹配。

④ 检测万绿承载 1 区汇聚机房 OTN 的 OMU10C 单板的频率及连线。

检测万绿承载 1 区汇聚机房 OTN 连线，发现 Slot32 OMU10C 的 CH3 接口连接至 Slot35 OTU40G 单板的 L1T 接口上，如图 5-25 所示。

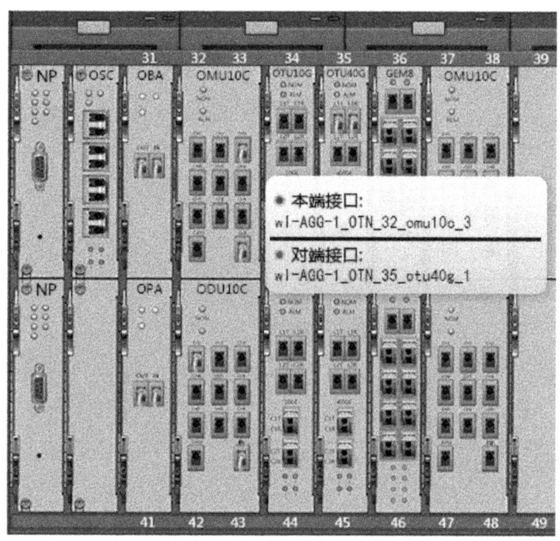

图 5-25　故障案例一：OMU10C 的连线

检测 Slot35 OTU40G 的 L1T 接口频率配置，如图 5-26 所示。

发现 L1T 接口频率配置为 192.1 THz，与 OMU10C 的 CH3 接口频率（192.3 THz）不匹配。

故障点找到，下一步需要明确到底是使用 192.1 THz 还是 192.3 THz，为此检查了中心机房的 OTN 频率配置，发现其使用的是 192.1 THz。于是明确汇聚 1 区机房 OTN 也应采用 192.1 THz。

频率配置			
单板	槽位	接口	频率
OTU40G	25	L1T	CH2--192.2THz
OTU40G	35	L1T	CH1--192.1THz

图 5-26　故障案例一：OTU40G 的频率配置

做出修改动作，将 Slot35 OTU40G 的 L1T 接口连接至 Slot32 OMU10C 的 CH1 接口。

之后观察故障是否得以解决，用 PTN1 与 RT1 对接 IP 互 Ping，如图 5-27 所示。此时能 Ping 成功，说明做出的修改是正确的。

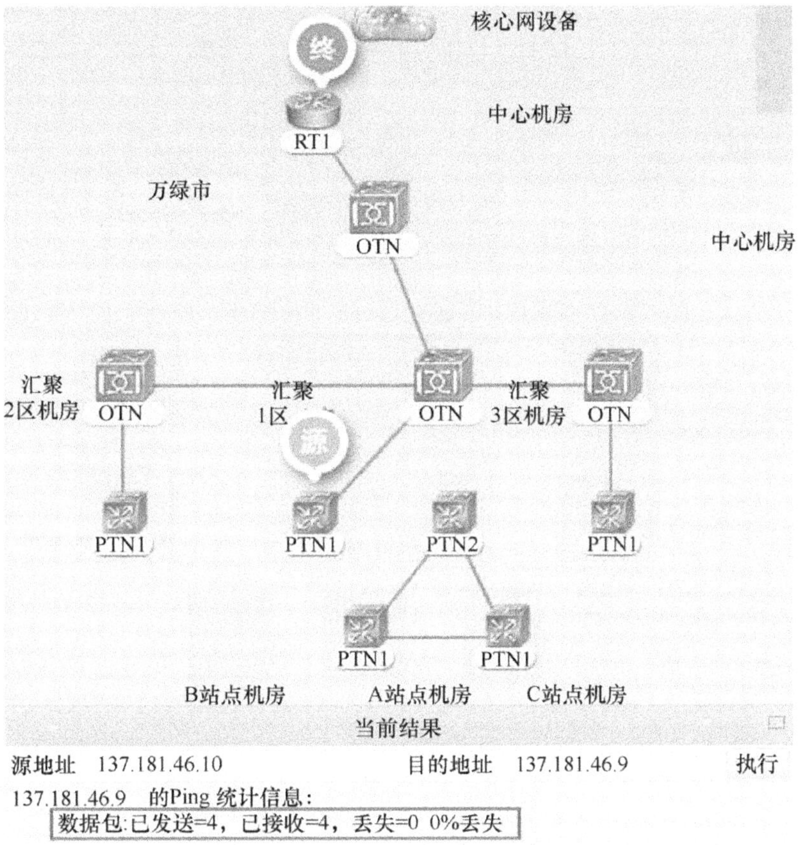

图 5-27　故障案例一：再次互 Ping

最后，观察故障现象是否存在，如图 5-28 所示。

OSPF邻居（本机router-id:216.28.55.32）				
邻居router-id	邻居接口IP	本端接口	本端接口IP	Area
216.28.55.31	137.181.46.9	VLAN 176	137.181.46.10	0

图 5-28　故障案例一：再次查看 OSPF 邻居关系

OSPF 邻居已建立，故障彻底排除。

6. 循环进行故障排查

本案例不需要再次循环排查。但是如果所有分析出来的故障原因都已排除，故障依然存在，则需要重新分析，发掘还有哪些故障点是没有考虑到的，之后再次排查。比如说，本案例虽然 PTN1 与 RT1 对接 IP 虽然能 Ping 通，但是仍然没有看到邻居关系，那么就要重点检查 OSPF 的配置，再次排查。

5.2.2.3 承载网故障排查案例二

4 台 PTN 形成如图 5-29 的 OSPF 邻居，并希望彼此的 loopback 地址能互相 Ping 通。

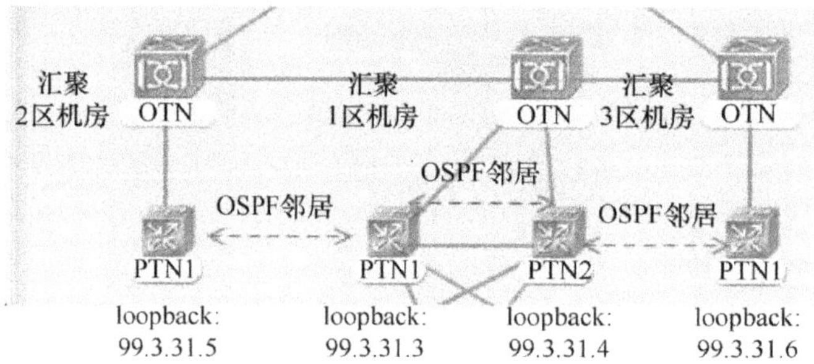

图 5-29 故障案例二：网络拓扑

1. 故障现象观察

发现汇聚 2 区 PTN1 无法 Ping 通汇聚 3 区 PTN1 的 loopback 地址 99.3.31.6，如图 5-30 所示。

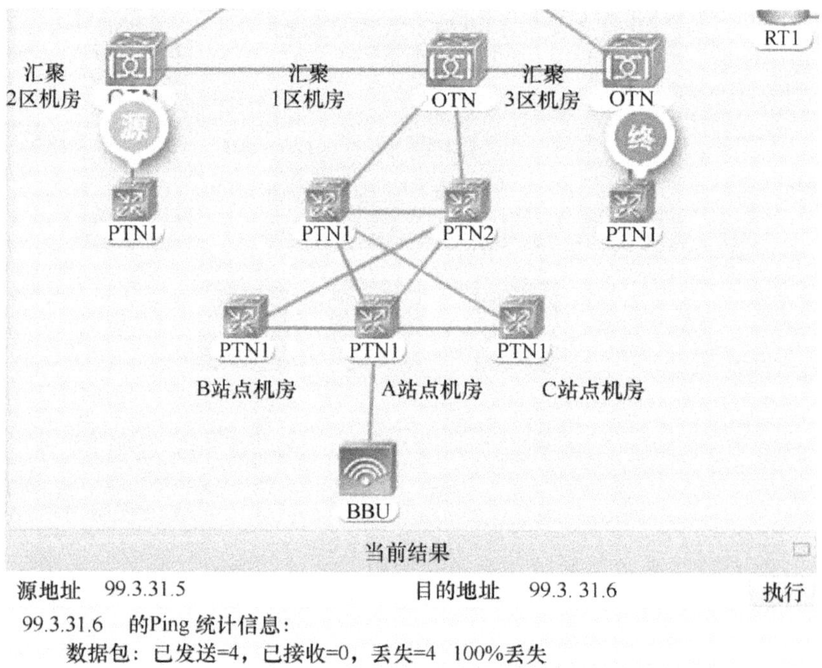

图 5-30 故障案例二：Ping 不成功

2. 故障信息采集

首先，查看汇聚 2 区 PTN1 是否有 99.3.31.6 的路由，如图 5-31 所示。

路由表

目的地址	子掩码	下一跳	出接口	来源	优先级	度量值
63.166.11.0	255.255.255.252	63.166.11.2	VLAN100	direct	0	0
63.166.11.2	255.255.255.252	63.166.11.2	VLAN100	address	0	0
63.166.11.4	255.255.255.252	63.166.11.5	VLAN140	direct	0	0
63.166.11.5	255.255.255.252	63.166.11.5	VLAN140	address	0	0
99.3.31.5	255.255.255.255	99.3.31.5	loopback1	address	0	0
63.166.11.8	255.255.255.252	63.166.11.6	VLAN140	OSPF	110	3
63.166.11.12	255.255.255.252	63.166.11.6	VLAN140	OSPF	110	4
63.166.11.12	255.255.255.252	63.166.11.6	VLAN140	OSPF	110	3
63.166.11.16	255.255.255.252	63.166.11.6	VLAN140	OSPF	110	4
63.166.11.4	255.255.255.252	63.166.11.6	VLAN140	OSPF	110	2
63.166.11.8	255.255.255.252	63.166.11.6	VLAN140	OSPF	110	2
99.3.31.3	255.255.255.255	63.166.11.6	VLAN140	OSPF	110	2
99.3.31.4	255.255.255.255	63.166.11.6	VLAN140	OSPF	110	3
99.3.31.6	255.255.255.255	63.166.11.6	VLAN140	OSPF	110	4
202.57.66.0	255.255.255.224	63.166.11.6	VLAN140	OSPF	110	21

图 5-31　故障案例二：查看汇聚 2 区 PTN1 路由表

其次，从汇聚 2 区 PTN1 Trace 99.3.31.6，查看结果，如图 5-32 所示。

```
当前结果
源地址  99.3.31.5                目的地址  99.3.31.6

通过最多 20 个跃点跟踪
到 [99.3.31.6] 的路由:

1     1ms    1ms    1ms    63.166.11.6
2*    *      *      *        请求超时
3*    *      *      *        请求超时
跟踪无法完成
```

图 5-32　故障案例二：Trace 结果

3. 经验分析和理论判断

路由表中 OSPF 路由已经学习到，且 cost 值正确，说明此拓扑中 OSPF 协议无问题，且这 4 台 PTN 间的物理连接和 OTN 配置都是正确的。Trace 到 63.166.11.6 后，无法再向下一跳转发，应重点查看此节点的路由表，看是否有错误。此处还应排除一种故障可能性，即汇聚 1 区 PTN1 错误的配置了 99.3.31.6 作为自身的 IP 地址。这种可能不会出现，是因为 Trace 并没有完成。

4. 整理可能原因的列表

① 汇聚 1 区 PTN1 的路由配置错误；
② 其他网络节点路由配置错误。

5. 对每一项可能原因进行排错和验证，并观察结果

检测汇聚 1 区 PTN1 的路由表，如图 5-33 所示。

路由表

目的地址	子掩码	下一跳	出接口	来源	优先级	度量值
202.57.66.0	255.255.255.224	63.166.11.38	VLAN136	static	1	0
63.166.11.20	255.255.255.252	63.166.11.21	VLAN120	direct	0	0
63.166.11.21	255.255.255.252	63.166.11.21	VLAN120	address	0	0
63.166.11.36	255.255.255.252	63.166.11.37	VLAN136	direct	0	0
63.166.11.37	255.255.255.252	63.166.11.37	VLAN136	address	0	0
63.166.11.4	255.255.255.252	63.166.11.6	VLAN140	direct	0	0
63.166.11.6	255.255.255.252	63.166.11.6	VLAN140	address	0	0
63.166.11.8	255.255.255.252	63.166.11.9	VLAN180	direct	0	0
63.166.11.9	255.255.255.252	63.166.11.9	VLAN180	address	0	0
99.3.31.3	255.255.255.255	99.3.31.3	loopback1	address	0	0
99.3.31.6	255.255.255.255	63.166.11.38	VLAN136	static	1	0
63.166.11.8	255.255.255.252	63.166.11.10	VLAN180	OSPF	110	2
63.166.11.12	255.255.255.252	63.166.11.10	VLAN180	OSPF	110	3
63.166.11.12	255.255.255.252	63.166.11.10	VLAN180	OSPF	110	2
63.166.11.16	255.255.255.252	63.166.11.10	VLAN180	OSPF	110	3

图 5-33 故障案例二：查看汇聚 1 区 PTN1 路由表

在路由表中发现一条静态路由，目的地址是 99.3.31.6，正因为此静态路由下一跳不是去向汇聚 1 区的 PTN2，造成数据包转发了错误的下一跳设备，造成故障，如图 5-34 所示。

静态路由配置 ×

目的地址	子网掩码	下一跳	优先级	操作
202.57.66.0	255.255.255.224	63.166.11.38	1	×
99.3.31.6	255.255.255.255	63.166.11.38	1	×

图 5-34 故障案例二：多余的静态路由配置

在静态路由配置中删除掉此静态路由。再次查看汇聚 1 区 PTN1 路由表，如图 5-35 所示。

从这个路由表可以看出，99.3.31.6 的路由已经恢复为正确的 OSPF 路由。

在汇聚 2 区 PTN1 上 Ping 99.3.31.6，结果如图 5-36 所示。

路由表

目的地址	子掩码	下一跳	出接口	来源	优先级	度量值
63.166.11.37	255.255.255.252	63.166.11.37	VLAN136	address	0	0
63.166.11.4	255.255.255.252	63.166.11.6	VLAN140	direct	0	0
63.166.11.6	255.255.255.252	63.166.11.6	VLAN140	address	0	0
63.166.11.8	255.255.255.252	63.166.11.9	VLAN180	direct	0	0
63.166.11.9	255.255.255.252	63.166.11.9	VLAN180	address	0	0
99.3.31.3	255.255.255.255	99.3.31.3	loopback1	address	0	0
63.166.11.8	255.255.255.252	63.166.11.10	VLAN180	OSPF	110	2
63.166.11.12	255.255.255.252	63.166.11.10	VLAN180	OSPF	110	3
63.166.11.12	255.255.255.252	63.166.11.10	VLAN180	OSPF	110	2
63.166.11.16	255.255.255.252	63.166.11.10	VLAN180	OSPF	110	3
63.166.11.0	255.255.255.252	63.166.11.5	VLAN140	OSPF	110	2
63.166.11.4	255.255.255.252	63.166.11.5	VLAN140	OSPF	110	2
99.3.31.4	255.255.255.255	63.166.11.10	VLAN180	OSPF	110	2
99.3.31.5	255.255.255.255	63.166.11.5	VLAN140	OSPF	110	2
99.3.31.6	255.255.255.255	63.166.11.10	VLAN180	OSPF	110	3

图 5-35　故障案例二：再次查看汇聚 1 区 PTN1 路由表

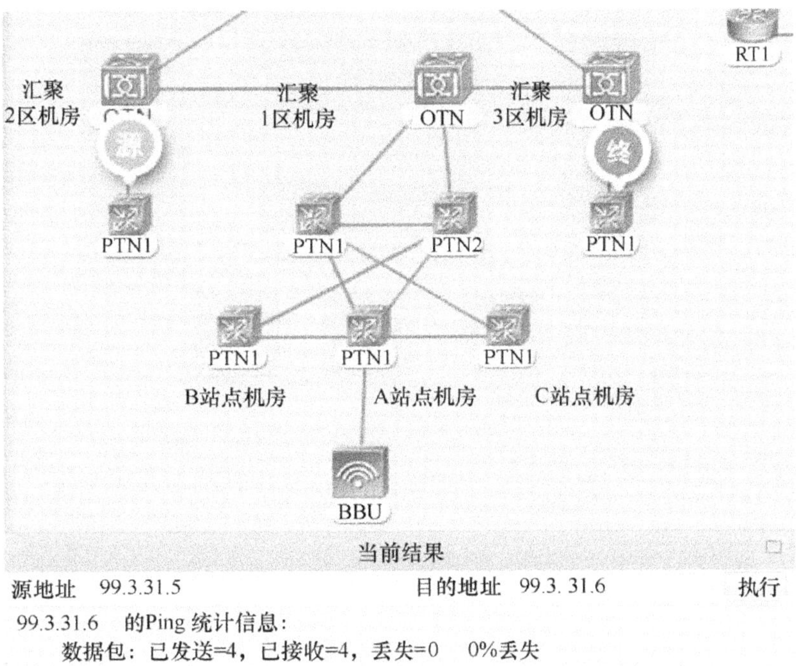

图 5-36　故障案例二：Ping 成功

至此，故障得以排除。

附录

缩略语表

英文缩写	英文全称	中文名
ABR	Area Border Router	区域边界路由
ANSI	American National Standards Institute	美国国家标准学会
ARP	Address Resolution Protocol	地址解析协议
AS	Autonomous System	自治系统
ASBR	Autonomous System Boundary Router	自治系统边界路由器
ASIC	Application Specific Integrated Circuit	专用集成电路
ASON	Automatically Switched Optical Network	自动交换光网络
ATM	Asynchronous Transfer Mode	异步传输模式
BGP	Border Gateway Protocol	边界网关协议
BootP	Bootstrap Protocol	引导程序协议
BSC	Base Station Controller	基站控制器
BTS	Base Transceiver Station	基站收发信机
CE	Customer Edge	用户网络边缘设备
CSMA/CD	Carrier Sense Multiple Access with Collision Detection	带冲突检测的载波监听多路访问技术
DWDM	Dense Wavelength Division Multiplexing	密集型光波复用
DHCP	Dynamic Host Configuration Protocol	动态主机配置协议
DNS	Domain Name System	域名系统
EDFA	Erbium Doped Optical Fiber Amplifier	掺铒光纤放大器
EGP	Exterior Gateway Protocol	外部网关协议
EIA	Electronic Industries Association	电子工业协会
EIGRP	Enhanced Interior Gateway Routing Protocol	增强内部网关路由协议
FC	Ferrule Connector	金属套连接器

续表

英文缩写	英文全称	中文名
FEC	Forwarding Equivalence Class	转发等价类
FEC	Forward Error Correction	前向纠错
FTP	File Transfer Protocol	文件传输协议
GBIC	Gigabit Interface Converter	吉比特接口转换器
HTML	HyperText Markup Language	超文本标记语言
HTTP	HyperText Transfer Protocol	超文本传输协议
IANA	Internet Assigned Numbers Authority	Internet 号码分配机构
ICMP	Internet Control Message Protocol	Internet 控制报文协议
IEEE	Institute of Electrical and Electronics Engineers	电气和电子工程师协会
IETF	Internet Engineering Task Force	互联网工程任务组
IGMP	Internet Group Management Protocol	Internet 组管理协议
IGP	Interio rGateway Protocol	内部网关协议
IGRP	Interior Gateway Routing Protocol	内部网关路由协议
IMA	Inverse Multiplexing over ATM	ATM 反向复用
IP	Internet Protocol	网际协议
IPTV	Internet Protocol Television	IP 网络电视
IPX	Internetwork Packet Exchange Protocol	互联网数据包交换协议
IS-IS	Intermediate System to Intermediate System	中间系统到中间系统
ISO	International Organization for Standardization	国际标准化组织
ITU	International Telecommunication Union	国际电信联盟
JPEG	Joint Photographic Experts Group	联合图像专家小组
LDP	Label Distribution Protocol	标签分发协议
LER	Label Switching Edge Router	边缘标签交换路由器
LSP	Label Switching Path	标签交换路径
LSR	Label Switching Router	标签交换路由器
LTE	Long Term Evolution	长期演进
MAC	Media Access Control	媒体介入控制层
MSTP	Multi-Service Transfer Platform	基于 SDH 的多业务传送平台
MPLS	Multi Protocol Label Switching	多协议标记交换
MPLS-TP	Multi-Protocol Label Switch Transport Profile	多协议标签交换传送应用
MSDP	Multicast Source Discovery Protocol	组播源发现协议
MTU	Maximum Transmission Unit	最大传输单元
NFS	Network File System	网络文件系统
NTP	Network Time Protocol	网络时间协议
OADM	Optical Add-Drop Multiplexer	光分插复用器
OAM	Operation Administration and Maintenance	操作、管理和维护
OCh	Optical Channel Layer	光通道层
ODU	Optical Channel Data Unit	光通道数据单元
OLA	Optical Line Amplifier	光线路放大器
OMS	Optical Multiplex Section Layer	光复用段层

续表

英文缩写	英文全称	中文名
OPU	Optical Channel Payload Unit	光通道净荷单元
OSI	Open System Interconnect	开放式互联参考模型
OSPF	Open Shortest Path First	开放式最短路径优先
OTM	Optical Terminal Multiplexer	光终端复用器
OTN	Optical Transport Network	光传送网
OTS	Optical Transmission Layer	光传输段层
OUT	Optical Channel Transport Unit	光通道传输单元
OXC	Optical Cross-Connect	光交叉连接
P	Provider	运营商网络内部设备
PDH	Plesiochronous Digital Hierarchy	准同步数字系列
PE	Provider Edge	运营商网络边缘设备
PHP	Penultimate Hop Popping	倒数第二跳弹出
PIM	Protocol Independent Multicast	协议无关组播路由
PPP	Point to Point Protocol	点对点协议
PPPoE	PPP over Ethernet	以太网上的点对点协议
PSN	Packet Switching Network	分组交换网
PTN	Packet Transport Network	分组传送网
PW	Pseudo Wire，	伪线
PWE3	Pseudo-Wire Emulation Edge to Edge	端到端的伪线仿真
QoS	Quality of Service	服务质量
RARP	Reverse Address Resolution Protocol	反向地址转换协议
RIP	Routing Information Protocol	路由信息协议
RPC	Remote Procedure Call Protocol	远程过程调用
SDH	Synchronous Digital Hierarchy	同步数字体系
SFP	Small Form-Factor Pluggables	小型可插拔收发光模块
SMTP	Simple Mail Transfer Protocol	简单邮件传输协议
SNMP	Simple Network Management Protocol	简单网络管理协议
SONET	Synchronous Optical Network	同步光纤网络
SPX	Sequenced Packet Exchange Protocol	序列分组交换协议
SQL	Structured Query Language	结构化查询语言
TCO	Total Cost of Ownership	总拥有成本
TCP	Transmission Control Protocol	传输控制协议
TDM	Time Division Multiplex	时分复用
TTL	Time to Live	生存时间
UDP	User Datagram Protocol	用户数据报协议
VCC	Virtual Channel Connection	虚通路连接
VCCV	Virtual Circuit Connectivity Verification	虚电路连接性验证
VCG	Virtual Concatenation Group	虚级联组
VCI	Virtual Container Interface	虚容器接口
VLAN	Virtual Local Area Network	虚拟局域网

续表

英文缩写	英文全称	中文名
VLSM	Variable Length Subnet Mask	可变长度的子网掩码
VPC	Virtual Path Connection	虚通道连接
VPI	Virtual Path Interface	虚通道接口
VPN	Virtual Private Network	虚拟专用网络

www.ingramcontent.com/pod-product-compliance
Lightning Source LLC
LaVergne TN
LVHW070617061026
849580LV00019B/2920